新视域

UI设计与制作

（第二版）

黄岩 编著

上海人民美术出版社

U0298466

前　言

　　"用户体验"是一个非常热门的话题，在互联网时代，所有的人都在谈"用户体验"，从项目设计师到产品经理，用户体验成为市场竞争中的关键要素。当前，我国移动互联网产业规模不断扩大，用户体验至上的时代已经来临。很多高校根据发展需要和学校办学能力设置了用户界面相关的专业，本书将国内外的前沿研究成果引进课程供大家学习参考。

　　随着科技类企业持续聚焦创造屏幕为载体的用户界面，很多新的设计类职位也就应运而生了。适合做用户体验的哪方面的工作，这是很多人在选择职业时候的疑问。通常来讲，可以根据自己的性格、兴趣和特长有选择地做界面设计师、交互设计师、视觉设计师、用户体验研究员、工程师、产品 /项目经理，游戏 UI 设计师等。

本书内容

　　本书适合 UI 设计的初学者使用。课程随着用户体验的发展和专业的需要，增加了相关新的知识点。本次修订增加了第六章音乐播放器设计与制作，第七章 UI 设计与制作课程思政。同时，调整了第二章图标设计，增加了两个案例。

　　本书第一章介绍 UI 设计基础，介绍了用户界面的定义和内容，讲解了产品 UI 的设计流程方法等基础理论及相关的设计工具。第二章为图标设计实例，

前 言

　　介绍了图标设计规范和 PS 工作环境，所列举的两个实例很有代表性，读者从中能掌握图标设计方法。第三章手机 UI 主题设计概述，介绍了手机主题风格分类，并且列举了锁屏界面设计制作和应用程序主菜单界面设计制作案例。第四章为使读者逐步地了解制作 App 设计的整体设计思路和制作过程，包含思维导图设计、手机产品线框图设计、UI 界面视觉设计。第五章游戏流程介绍、游戏界面、游戏操作界面设计和制作。第六章音乐播放器设计与制作，介绍了如何设计一款音乐播放器的界面。第七章 UI 设计与制作课程思政，重点在于弘扬优秀民族文化。在课程中，引入了中华传统元素等，弘扬社会主义核心价值观，从而引导学生树立文化自信，培养学生设计的责任感。

　　全书编排由易到难，循序渐进，覆盖面广，力求覆盖 UI 设计的各个方面，便于读者全面学习和提高。本书图文并茂，可作为 UI 设计师、平面设计师的辅助用书，也可作为高等院校数码艺术设计、视觉传达设计及电脑动画专业的教材用书。在此感谢为本书的出版给予帮助的老师和同学们！你们优秀的作品让本书内容更加丰富。

作者

2022 年 12 月

CONTENTS

目　录

CHAPTER 1
UI设计基础

学习目标

本章学习的目标是熟悉产品UI的设计流程和了解用户体验中的职业定位,掌握UI设计主要包括的内容。

学习重点

本章学习的重点是UI设计主要包括的四个方面内容：用户研究(User Experience-UX)、信息结构设计（Conceptual Design）、交互设计（Interactive Design）、视觉设计（Visual Design）。

课时安排

4课时

第一节 什么是 UI 设计

UI 即 Use Interface，译为"用户界面设计"。界面设计的目的是为用户而设计，所以 UI 设计要和用户研究紧密结合，是一个不断为最终用户的需求而改进 UI 设计的过程。"用户体验"概念狭义地来说，就是请用户试用一个产品或者服务，来获得用户使用产品的感受。广义的"用户体验"包括产品或服务从设计到销售、使用的全过程。其整个生命周期是从创造到使用的过程。

UI 设计主要包括四个方面内容：用户研究 (User Experience–UX)、信息结构设计（Conceptual Design）、交互设计（Interactive Design）、视觉设计（Visual Design）。

一 用户研究

用户需求集中反映了用户对产品的期望。很明显，用户需求应该包含功能需求和使用需求两方面，功能需求是用户要求系统所应具备的性能、功能，而使用需求是用户要求系统所应具备的可使用性、易用性。

用户体验也就是产品在和外界接触的时候如何"接触"，如何"使用"，用起来难不难，是不是很容易学会，使用起来感觉如何。

开发和启动一个项目，首先要明确项目需求，确定产品的目标用户群及潜在目标用户群的特征、喜好。用户测试（User Testing）不是测试你的用户，相反是请你的用户来测试你的产品，针对有代表性的用户来测试方案最终的可行性的设计。可用性就是最终的目标。

研究用户的方法有很多，最常用的有文献法、问卷法、访谈法、焦点小组法（焦点小组是一个由 4～6 名用户代表所组成的富有创造力的小群体。用户代表在训练有素的专家的引导下，通过交流勾勒出一个全新的产品概念和功能模式）。另外，角色扮演和可用性测试则不断地贯穿其中。随着项目种类的日趋繁杂，新的用户研究方法将层出不穷（图 1）。

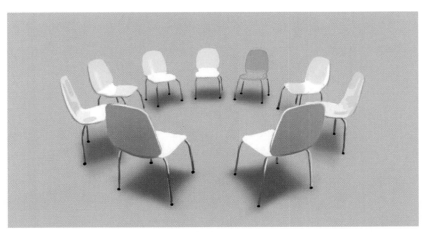

图 1 焦点小组主要用于观察某一群体对某个主题的观点、态度和行为，而不能用于确定用户的个人观点和行为

产品越复杂，创建良好的用户体验就越困难。在产品设计中每增加一个功能和步骤，都会同时增加一个导致用户体验失败的可能性。用户体验对设计师很重要，如果设计师没有给用户一个积极的、好的体验，用户就不会购买和使用你的产品。

二 信息结构设计

功能梳理是用户界面设计工作的第一步，这项工作特别复杂和烦琐。如果分类不合理，用户遵循已有的认知，就会很难找到他想要的东西。

信息结构的分类是用户界面设计的基础，能够帮助我们把所有的信息条理化、逻辑化。结构设计即概念设计（Conceptual Design），是界面设计的骨架。它通过用户研究和任务分析，制定出产品的整体架构。结构层用来设计用户如何到达某个页面，并且做完事情应该去什么地方。在结构设计上要进行组织管理、分类排序。结构设计强调用户元素的"模式"（Patterns）和"顺序"

（Sequences）。

基于纸质的低保真原型（Paper Prototype）可提供用户测试并进行完善。在结构设计中，目录体系的逻辑分类和语词定义是用户易于理解和操作的重要前提（图2、3）。

三 交互设计

分类之后，另外一个重要的事情就是建立通道，使用户能够简单方便地找到他想要的东西。这个通道就是交互设计。交互设计为用户解决两个问题：1 找到目标；2 完成任务。

通道就是界面设计里面的导航。界面设计的原则，就是要让用户知道自己所处的位置，向前走是哪里，向后退是哪里。

产品功能的实现都是通过交互来完成的，交互设计的目的是使产品简单易用。一个产品的行为测试就是能否满足用户的需要。一些设计很好的产品没有达到使用目标，比如开瓶器不能打开红酒瓶子、闹钟不能准确报

图2 低保真原型一般指有限的功能和交互原型设计

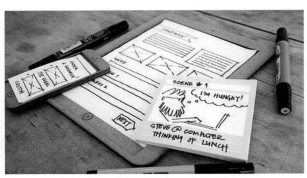

图3 两名交互设计专业的学生开了一家名为 Sticky Jots 的公司，该公司提供类似故事版的纸质低保真原型套件

时，那么其他的设计就都不重要了。所以，产品的功能是十分重要的。用户是设计使用的核心，但是因为文化、个体的差异，任何产品都无法使每个人满意。满足各种需要的方法就是设计各种产品。在充分考虑用户背景、使用经验及操作感受的基础上，进行交互设计，设计符合最终用户要求的产品，使得最终用户能够按日常习惯、心情愉悦并高效地使用产品。

交互设计即关注可能的用户行为，再定义系统如何配合相应的用户行为。这也是程序员最关注软件的两个方面："它能做什么"和"它怎么做"。

四 视觉设计

几乎所有的产品都会涉及视觉设计。对于什么构成视觉上的愉悦和满足，每个人都有不同的审美品位和偏好，所以每个人对美感都有不同的见解。我们可以在民间艺术、广告、儿童产品设计中发现答案。儿童的用品，服装通常是明亮的饱和度高的三原色：红、黄、蓝。这是伟大的艺术作品吗？不是，但是这种设计是令人愉快的设计。视觉设计要参照用户目标群体的心理模型和任务要求来进行设计。最佳的视觉设计就是用户看到后说："我想使用它。"视觉设计的内容包括：色彩、图标、字体、图形、动态效果等。

综上介绍，UI 设计的目的是以用户为中心的设计（User-centered Design）。这种设计的中心思想非常明了，就是在设计开发产品的每一步都要考虑：这对于创建成功的用户体验是至关重要的。

第二节　UI 的设计流程

完成一个产品，UI 设计流程根据开发的准备期、开发的前期、开发的中后期和上市期，内容上包含的几个方面分别是：开发准备期、开发前期、开发中期、开发后期和上市前期以及上市中后期。下面我们来介绍具有代表性的用户需求分析、工业设计／界面设计、使用性测试以及设计改进／发布、品牌维护跟踪研究（图 4）。

图 4

一 用户需求分析阶段

此阶段 UI 设计师应该了解产品的定位，进行用户需求分析，分析用户群特征、最终用户群和产品方向，完成用户研究报告并且提出可用性设计建议。

在分析阶段，设计师会完成产品策划、设计思维导图和产品原型制作。在此阶段，通常通过小组讨论的方式完成产品的功能概念测试、信息架构、用户体验、用户交互流程图。确认完成后，线框图会被交给 UI 设计师和程序员。

二 工业设计 / 界面设计

用户不同，对产品界面的设计要求也会不同，UI 设计师根据原型设计阶段的界面原型，对界面原型进行视觉效果的再设计。

三 使用性测试以及设计改进 / 发布

UI 设计师接下来更多的是配合开发人员、测试人员进行设计改进；对于不同产品的要求，配合开发人员对产品进行使用性测试以及设计改进和发布。

四 品牌维护以及优化

UI 设计师负责原型的可用性测试，发现可用性问题并提出修改意见。通过可用性的循环研究、用户体验回馈、测试回馈，UI 设计师把可行性建议进行完善。产品出来后，UI 设计师需对产品的效果进行验证，与当初设计产品时的想法是否一致，是否可用，用户是否接受以及与需求是否一致。对品牌进行维护和优化。

近年来，"用户体验"是一个非常热门的话题，互联网时代，所有的人都在谈"用户体验"，从项目设计师到产品经理，用户体验成为市场竞争中的关键要素。

随着科技类企业持续聚焦创造屏幕为载体的用户界面，很多新的设计类职位也就应运而生了。类似于 UX/UI Designer 这类职位很可能会给新手设计师或者从其他设计行业转型的设计师带来困惑。适合做用户体验的哪方面的工作，这是很多人在选择职业时候的疑问。通常来讲可以根据自己的性格、兴趣和特长，有选择地做交互设计师、视觉设计师、用户体验研究员、工程师、产品 /项目经理。下面我们就具体了解每个职业的特点和职责以及需要掌握哪些工具。

第三节　用户体验中的职业选择

一　产品 / 项目经理

产品 / 项目经理（Product Designer），负责写产品计划书，能带领整个项目组实现指定项目目标，对产品策划、美术、程序、运营有深刻的理解及相关工作经验，对产品有自己的想法及创意，能让产品在计划好的时间、预算内成功上线。Product Designer是一个统称，用来描述一个设计师参与了整个产品的每个阶段。Product Designer 的职责具体在每个公司是不同的，一个 Product Designer 有可能会做前端的代码开发，可能会做用户研究，可能会做界面设计，可能会做视觉元素等等。从开始到结束，Product Designer 需要判断最初的设计问题，把握基本的产品导向，然后设计、测试、迭代不同的解决方案。一些公司把这个角色的职责定义为帮助各种设计人员互相合作，以便整个设计团队推行一个统一的用户体验、用户研究和设计元素。

此职位负责所有方面的设计：交互，视觉，产品，模型，制作高保真交互模型，并且用代码实现网页端和移动端的新功能——Pinterest 的 Product Design 职位描述。

二　用户体验研究员

用户体验研究员 UX Designer（User Experiences Designer）负责调查分析，主要关注产品给用户的感受。一个设计中的需求不只有一个正确的解决方案，用户体验研究员的任务是针对这些需求来寻找不同的解决方案。用户体验研究员的职责是确保产品在逻辑层面上的顺畅，实现这个职责的一个方法是进行用户测试并观察用户的反应，然后发现产品中给用户带来困难的点，进行改进，从而不断完善出一个"最好"的用户体验（图5、6）。

Twitter企业对User Experience Designer职位的描述：设计交互模型，用户任务模板，UI 文档，用户交互场景，终端间的用户体验，

图 5　不断地改进产品

图 6　UX Designer 做的移动应用设计

屏幕操作分析；与创意总监以及视觉设计师们合作，以便于把功能体现在视觉设计中；开发和改进设计线框图、设计草图和设计文档；通常也会完成产品的信息建构，设计产品架构。

职责：线框图设计，低保真原型设计，故事版设计，网站导航地图设计 (Twitter)。

工具：Photoshop、Sketch、Illustrator、Fireworks、In Vision。

三　互动设计师

互动设计师 (Interaction Designer/Motion Designer)，做出具体互动的流程。还记得当你用 iPhone 的 Mail 应用下拉刷新邮件时出现的那个微妙的跳跃动画吗？这就是互动设计师的工作。不同于视觉设计师通常要处理一些静态的界面元素，互动设计师主要创作应用中的动画部分。他们关注的情形是在用户做了一些操作以后，界面应该做什么样的响应。例如，他们决定菜单以怎样的方式划入，什么样的转换效果该被应用以及按钮将会以什么方式消失。当把这些设计都做好以后，动态就会成为界面中一个完整的部分，从而提示用户该如何使用产品。

互动设计师精通平面设计、动态图形设计、数字艺术，对字体和颜色很敏感，了解材料以及纹理，企业对互动设计师的企业需求：精通 Photoshop、Illustrator，熟悉 Director(或同类软件)、Quartz Composer(或同类软件)、3D 模型制作，动态图形制作——Apple 对互动设计师的职位描述。

需要掌握的工具：Aftereffects、Core Composer、Sketch、Figma、Photoshop、湖蓝、EHects、Cinema4D。

四　视觉设计师

企业对于视觉设计师 (UI Designer/User Interface Designer) 的职位需求：与 UX Designer 不同，UI Designer 普遍关注产品的页面布局。他们负责设计每一个页面，并确保用户界面在视觉上能够表现出 UX Designer 设计出的概念。举例来说，一个 UI Designer 设计一个数据分析仪表盘，可能在页面顶部放最重要的内容，或者考虑到底是用滑块还是旋钮来调整图形最为直观。一般来说 UI Designer 会负责创建一个设计规范，用来确保整个产品中设计语言的一致性，主要是视觉元素和交互行为中的一致性，例如：如何显示错误提示或警告状态。为 Airbnb.com 定义和实现视觉语言，创建并不断完善网站的设计规范（这是 Airbnb.com 的 UI Designer 职位描述）（图 7—9）。

职责：视觉设计师和用户界面设计师，做出页面视觉设计。

工具：Photoshop、Sketch、Illustrator、Figma。

五　前台、后台工程师

前台、后台工程师 (Front-end Developer/ UI Developer) 的工作是实现产品的前端界面。通常，视觉设计师提供一个静态的界面模型，UI Developer 负责把它转化成一个带有交互体验的前端界面。UI Developer 也负责用代码实现视觉设计师和交互设计师的设计。

职责：UI Developer 负责把静态的界面模型转化成一个带有交互体验的前端界面。

工具：CSS、HTML、JavaScript。

图 7 UI Designer 普遍关注产品的页面布局

图 8 UI Designer 做的页面整体布局和给用户的视觉感受

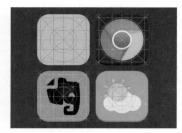

图 9 精美的图标设计

六 用户体验研究员

用户体验研究员（User Researcher），做用户测试，确保质量。一个 UX Researcher 的任务是回答两个问题："谁是我们的用户？"以及"我们的用户想做什么？"；用户体验研究员的职责是观察用户，研究市场数据，总结调查结果。设计是一个不断迭代的过程，用户体验研究员可以通过这个过程，进行 A/B 测试来找出最好的设计以满足用户的需求。

企业对 User Researcher 的职位描述：与产品团队密切合作以便于发现研究课题，设计研究，发现用户的行为和态度。使用各种方法进行研究，例如调查（Facebook）。

该书主要侧重视觉设计师（UI Designer/User Interface Designer）工作的学习。

课后训练

1. 选择题

视觉设计师 UI Designer 应该掌握哪些工具？（A B C D）

A. Adobe Illustrator

B. Adobe Photoshop

C. Figma

D. Sketch

2. 查阅书籍、网站等媒介，收集各种类型风格的图标设计作品。

CHAPTER 2
图标设计

学习目标

本章学习的目标是熟悉图标设计规范和理解
Photoshop制作UI的重点工具的使用方法，掌
握形状图层、智能对象或者智能滤镜、布尔运
算的内容。

学习重点

本章学习的重点是形状图层、智能对象或者智
能滤镜、布尔运算的内容。

课时安排

14课时

第一节　图标设计规范

移动界面的设计规范是指导界面设计过程中的设计标准。要遵循统一的设计标准，使得整个界面在视觉上统一，从而提高用户对界面的产品认知和操作的便捷性。

下面我们以 APP 图标的设计规范为例。图标在设计时按照最大的 1024×1024px 来设计，之后按照比例缩小到每个尺寸，再进行调整（图1—3）。

iPhone图标和尺寸

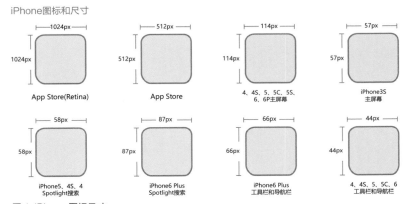

图 1 iPhone 图标尺寸

iPad图标和尺寸

设备	App Store	应用程序	主屏幕	Spotlight搜索	标签栏	工具栏和导航栏
iPad 3-4-5-6-Air-Air2-mini2	1024x1024 px	180x180 px	144x144 px	100x100 px	50x50 px	44x44 px
iPad 1-2	1024x1024 px	90x50 px	72x72 px	50x50 px	25x25 px	22x22 px
iPad Mini	1024x1024 px	90x90 px	72x72 px	50x50 px	25x25 px	22x22 px

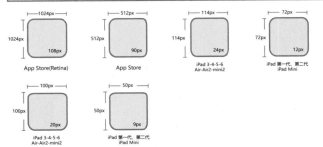

图 2 iPad 图标尺寸

Android图标和尺寸

屏幕大小	启动图标	操作栏图标	上下文图标	系统通知图标（白色）	最细画笔
320x480 px	48x48 px	32x32 px	16x16 px	24x24 px	不小于2 px
480x800px 480x854px 540x962px	72x72 px	48x48 px	24x24 px	36x36 px	不小于3 px
720x1280 px	18x18 px	32x32 px	16x16 px	24x24 px	不小于2 px
1080x1920 px	144x144 px	96x96 px	48x48 px	72x72 px	不小于6 px

图 3 Android 图标尺寸

第二节 工作环境

Photoshop 是 Adobe 公司开发的一个跨平台的平面图像处理软件，是 UI 设计人员的首选软件。接下来我们就熟悉一下 Photoshop 的工作环境。Photoshop 的界面包括菜单栏、工具选项栏、工具箱、图像窗口、浮动调板、状态栏等。菜单栏将 Photoshop 所有的操作分为九类，共九项菜单，如编辑、图像、图层、滤镜等；工具选项栏：会随着使用的工具不同，工具选项栏上的设置项也不同；工具下有三角标记，即该工具下还有其他类似的命令（图 4）。

一 Photoshop 重点工具介绍

1. 路径选择工具

路径是 Photoshop 中的重要工具，主要用于光滑图像选择区域与辅助抠图，绘制光滑和精细的图形，定义画笔等工具的绘制轨迹。在使用上，黑箭头可以选择一个闭合的路径或一个独立存在的路径；白箭头，则能选择任何路径上的节点，可点选其中一个或按 Shift 键点选多个，也可圈选多个路径。"路径"面板可以通过"窗口">"路径"打开。

2. 绘图工具

为了便于对图像进行描绘处理，Photoshop 提供了多种图形绘制工具，包括矩形工具、圆角矩形工具、椭圆工具、多边形工具、直线工具和自定义形状工具，使用这些工具可以在图像中绘制各种图形。

3. 图层特效的直接实现——图层样式

应用图层样式十分简单，可以为包括普通图层、文本图层和形状图层在内的任何种类的应用图层样式。利用图层样式功能，可以简单快捷地制作出各种立体投影、各种质感以及光景效果的图像特效。

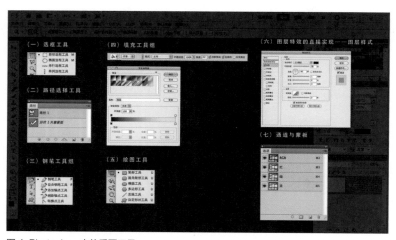

图 4 Photoshop 中的重要工具

4. 通道与蒙版

通道是存储不同类型信息的灰度图像，一个图像最多可有 56 个通道。所有的新通道都具有与原图像相同的尺寸和像素数目。通道所需的文件大小由通道中的像素信息决定。通道包括：颜色信息通道、Alpha 通道、专色通道。颜色信息通道是在打开新图像时自动创建的。图像的颜色模式决定了所创建的颜色通道的数目。

蒙版就像一个镂空的纸板，将其蒙在一张白纸上，用喷笔在纸板上进行喷涂，尤其是镂空部位，然后挪开纸板，会看到镂空的部位被喷上了颜色，而被蒙住的部位是一片空白。

二 制作图标之前首选项的设置

因为制作图标都是以像素为单位，所以在制作图标之前我们需要对首选项进行设置，把单位都调整为"像素"。选择 Photoshop 中的首选项的"单位与标尺"。

UI 设计首先要对"单位与标尺"进行设置。标尺设置为"像素"。

参考线、网格和切片进行设置，网格线间隙为 1 像素。

完成这些设置，接下来我们就可以制作图标了（图 5-7）。

图 5 对首选项进行设置

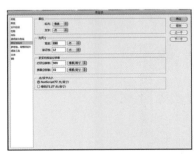

图 6 对"单位与标尺"进行设置

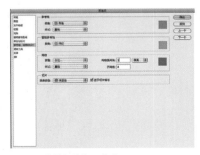

图 7 网格线间隙为 1 像素

图 8 基础形状

第三节　形状图层

在 UI 的图标设计中，需要用基础形状制作图标（也称 ICCN）或者用几何形状切出小图标。这样制作的目的首先是体现设计的精细化，其次是为了产品的整体设计效果，也是为了一个图标需要适配不同的屏幕的设计需要（图 8）。

第四节　智能对象与智能滤镜

在 UI 制作中，通常会使用智能对象或者智能滤镜。智能对象把每一个图层整体编辑到了一起，当你要再使用的时候，点开智能对象再进行编辑就可以了。另外智能对象可以放大（不可以将它放大到超过最初的大小，那样也会有马赛克出现）与缩小多次，它的分辨率不会有损失。

智能对象制作步骤：

首先同一个项目尽量在一个 Adobe 公司的图形设计软件 Photoshop（以下简称 PSD）的专用格式文件里，在项目中同一功能块、功能尽量保存在同一个文件夹，日后使用会更加方便，节约在不同 PSD 文件里查找的时间。

图 9 同一个项目功能尽量保存在同一个 PSD 里

接下来时刻保持图层命名、归类的良好习惯，在团队合作中可以保证 PSD 源文件可用度、效率更高，日后修改也会节省时间。选择图层，点击智能对象，即可把图层转换为智能对象（图 10）。

图 10 转换为智能对象

尽量使用智能对象。使用智能对象的好处在于合并对象后不破坏对象，同时可以让这个合并后的对象具有可编辑特性，具备同步更新功能。尽量使用智能对象，按住 Ctrl 点击"智能对象图层"时，能将该图层的源文件调出。修改源文件，智能对象图层会同步改变（图11、12）。

图11 智能对象

图13 在文件夹中加蒙版

在文件夹中加蒙版，操作一步到位。在文件夹中加蒙版，再次修改的时候只需要把图片放入文件夹即可，可以减少重复调整蒙版等工作（图 13）。

图14 标准命名

输出尽量简单，如果项目有命名标准，建议以标准来命名，如项目没命名标准，建议用简单易懂的中文命名方式命名（图 14）。

图12 按住Ctrl点击"智能对象图层"时，能调出该图层的源文件

第五节　布尔运算

用布尔运算绘制小图标，再将绘制对象合并在同一个图层里，由路径拼切出来，快捷键"Ctrl+E"（在苹果电脑中使用"command+E"）。在顶部的选项栏里，可以选择路径之间的合并、相减、相交和相异以及上下层级关系，并且使用对齐面板（图 15、16）。

本节训练的难点：保持每一图标都是一个图层，不要用描边，用路径来设计图标。

图 15 利用属性面板的一些小功能

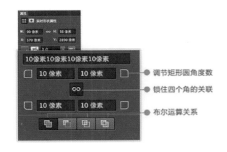

图 16 选项设置

案例1 图标设计制作——短信图标
（请扫描版权页上的二维码，下载教学视频）

图 17 短信图标

STEP1

选择菜单栏里的"文件 /
新建"命令，打开新建对话框，
新建一个尺寸为 200×200 像
素的文件，分辨率为 72dpi，
背景内容为白色，如图 18 所示。

图 18 文件 / 新建

STEP2

新建一个图层，图层的名
字改为"底板"。使用圆角矩
形工具，前景色选为白色，绘
制一个半径为 30 像素、大小
为 160×160 像素的圆角矩形，
如图 19 所示。

图 19 创建圆角矩形

STEP3

在"底板"图层上双击图标，在弹出的图层样式对话框中选择"渐变叠加"样式，双击渐变，如图 20 所示。调整渐变色标的值，左边色标的值为 #1f7eca，右边色标的值为 #53b7f9，如图 21 所示。大家也可以自己调适合的颜色。完成调整，如图 22 所示。

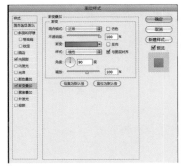

图 20 选择"渐变叠加"样式

图 21 调整渐变色标

图 22 完成效果

STEP4

在"底板"图层上双击图标，在弹出的图层样式对话框中选择 "内阴影"样式，参数调整如图 23 所示。

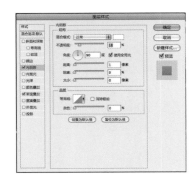

图 23 "内阴影"样式

STEP5

新建一个图层，图层的名字改为"短信"。使用圆角矩形工具，前景色选为白色，绘制如图 24 所示的圆角矩形。选择工具，选择绘制好的圆角矩形，选择减去顶层形状，使用椭圆工具，绘制三个圆形，如图 25 所示。使用钢笔工具，绘制三角形，如图 26 所示。

图 24 绘制圆角矩形

图 25 使用椭圆工具，绘制三个圆形

图 26 使用钢笔工具，绘制三角形

在"短信"图层上双击图标，在弹出的图层样式对话框中选择"内阴影"样式，如图 27 所示。框中选择"渐变叠加"样式，双击渐变，调整渐变色标的值，左边色标的值为 #a2bed3，右边色标的值为 #d0e4f4，完成调整，如图 28 所示。大家也可以自己调适合的颜色。在弹出的图层样式对话框中选择"投影"样式，如图 29 所示。完成效果如图 30 所示。

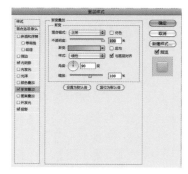

图 27 "内阴影"样式

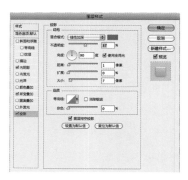

图 28 "渐变叠加"样式

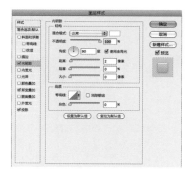

图 29 "投影"样式

图 30 完成效果

接下来，导入素材"高亮"，如图 31 所示。

图 31 导入素材

最终完成效果如图 32 所示。

图 32 最终完成效果

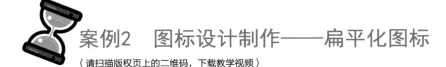

案例2 图标设计制作——扁平化图标

（请扫描版权页上的二维码，下载教学视频）

图33 扁平化图标

STEP1

选择菜单栏里的"文件／新建"命令，打开新建对话框，新建一个尺寸为 600×600 像素的文件，分辨率为 72dpi，背景内容为白色，如图34所示。

图34 文件／新建

STEP2

新建一个图层，图层的名字改为"底板"。使用圆角矩形工具，前景色选为红色，绘制一个圆角矩形，如图35所示。

图35 绘制一个圆角矩形

STEP3

在"底板"图层上双击，在弹出的图层样式对话框中选择"渐变叠加"样式，双击渐变，如图36所示。调整渐变色标的值，左边色标的值为 #f98016，右边色标的值为 #df3923，如图37所示。大家也可以自己调适合的颜色。完成调整，如图38所示。

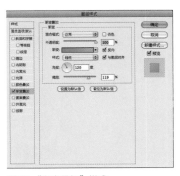

图36 "渐变叠加"样式

图37 调整渐变色标

图38 完成调整

STEP4

使用椭圆工具，在属性栏设置"填充"为白色，"描边"为无，完成调整，如图39所示。

图39 绘制椭圆

STEP5

使用圆角矩形工具，前景色选为白色，选择工具，选择绘制好的椭圆，选择 减去顶层形状。继续绘制椭圆，如图40所示。框选两个椭圆，在对齐中选择水平居中和垂直居中。使用钢笔添加锚点工具 添加两个点，使用 直接选择工具移动位置，完成效果如图42所示。

图40 减去顶层形状

图42 完成效果

图41 对齐到选区

STEP6

接下来制作图标的投影，使用钢笔工具绘制投影。设置"不透明度"为35%。按住Ctrl单击鼠标左键选择圆角矩形图层，反选选区，单击"添加图层蒙版"按钮，制作图标的阴影。

图43 使用钢笔工具绘制投影

图44 完成效果

STEP7

在空心圆的中间绘制一个椭圆，在此图层上双击，在弹出的图层样式对话框中选择"渐变叠加"样式，双击渐变，如图 45 所示。调整渐变色标的值，左边色标的值为 #fa5013，右边色标的值为 #9f0c0e，如图 46 所示。本实例制作完成，如图 48 所示。

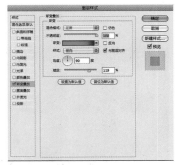

图 45 "渐变叠加"样式

图 46 调整渐变色标

图 47 渐变效果

图 48 制作完成

第六节　优秀图标欣赏

图 49　扁平图标

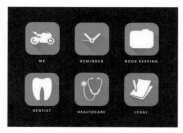

图 50　扁平图标

图 51　扁平图标

图 52　扁平图标

图 53　扁平图标

图 54　水晶质感图标

图 55　扁平图标

图 56　扁平图标

图 57　美拍图标

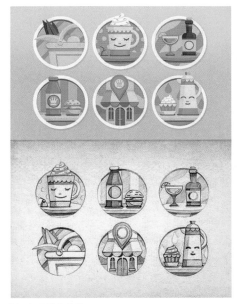

图 58 正稿和草稿

图 59 正稿和草稿

第七节　设计工具类型的图标

本章学习的内容是用矢量软件 illustrator 设计工具类型的图标。工具类型的图标的设计样式主要包括三类：第一种线性图标，第二种面性图标，第三种线面结合图标。线性图标，是以线的形式绘制而成。线性图标，以线作为基础元素去表达图标功能语义。面性图标则是以块面的形式去表达图标的功能语义。线面结合图标集合前面两类图标的优点，在样式上会更加丰富和有趣。

因为工具图标会有视觉差，绘制的图标有的长，有的扁，有的圆，有的方，所以在统一体量感的时候，我们会使用相应的栅格系统，这样可以统一图标大小，视觉保持大小一致，从而完成图标的设计。

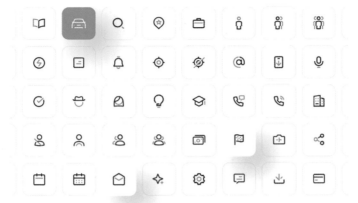

图 60 线性图标

图 61 面性图标

图 62 线面结合图标

案例3 绘制图标栅格系统

（请扫描版权页上的二维码，下载教学视频）

不同的项目图标栅格系统是有区别的，我们不能按一个固定的比例来设置，要根据不同的实际项目来进行设计。下面我们根据我们的项目需求绘制栅格系统。

STEP1

首先绘制一个 48px×48px 的大的正方形，然后再画一个 34×34px 的小的正方形，这样我们就确定了内边距。如图 63 所示。

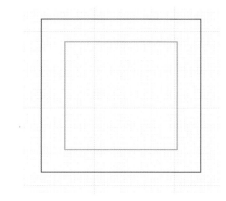

图 63

STEP2

接下来绘制圆形，圆形的尺寸为 38×38px，我们得到如下图 64 所示的圆形。

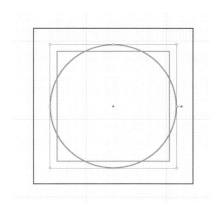

图 64

STEP3

接着绘制横竖长方形
的尺寸分别为 28×40px、
40×28px，把它们和前面的
圆、正方形合并放置在图标的
栅格系统中，居中对齐，就完
成了图标栅格系统的绘制，如
下图 65 所示。

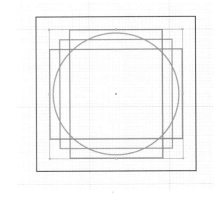

图 65

STEP4

我们选中做好的参考线，
然后单击右键建立参考线。这
样我们就完成了栅格系统到参
考线的转变。

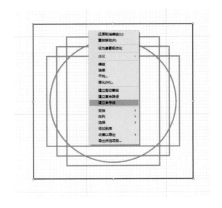

图 66

案例4　绘制图标栅格系统图标

（请扫描版权页上的二维码，下载教学视频）

接下来使用栅格系统，我们制作一组天气图标。

STEP1

打开 illustrator，新建一个文件尺寸为 1920×1080 像素的文件，点击界面左上 illustrator 中的首选项，单位都调整为像素，点击界面左上 illustrator 中的首选项——常规，调整键盘增量为 1px，我们使用上节课的栅格系统来制作天气类的工具图标。

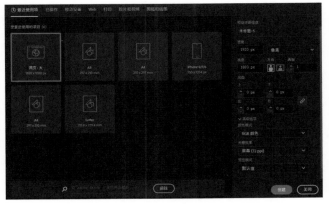

图 68

图 69

STEP2

使用椭圆工具绘制圆形渐变底色，如图 70 所示。接着使用椭圆工具绘制圆形，前景色为无，描边白色，完成圆环的绘制，具体如图所示。接着使用椭圆工具绘制一个小的圆形，如图 70 所示。

图 70

图 71

STEP3

使用旋转的工具，然后按住 alt 键去点击你要围绕中心的地方，在属性面板里面输入参数角度。最后按住 ctrl+d 键就复制圆形。完成的效果如图 72 所示。

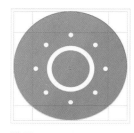

图 72

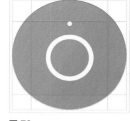

图 73

STEP4

我们可以使用钢笔工具、矩形、椭圆工具或者线段工具。继续完成其他图标的设计与制作。其他图标请按照类似的方法继续临摹，源文件请参考文件夹。

图 74

案例5　绘制启动图标

（请扫描版权页上的二维码，下载教学视频）

STEP1

选择菜单栏里的"文件／新建"命令，打开新建文档对话框。在设计启动图标之前，我们可以自己设计参考线，也可以直接使用 iOS 的图 75 参考线，如图所示。我们设计的天气图标，在设计构图时要注意适当的留白，如图 76 所示。

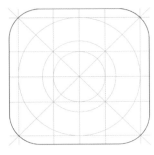

图 75

图 76

STEP2

使用矩形工具，尺寸为512×512px，圆角为 90，颜色为蓝色渐变。具体效果如图 77所示。

图 77

STEP3

使用椭圆工具绘制四个椭圆，调整大小，排列至参考线内合适的位置。具体效果如图78 所示。在路径查找器面板中选择联集。

图 78

图 79

图 80

STEP4

使用形状工具绘制椭圆，绘制椭圆，制作彩虹，排列如图 81 所示。

图 81

STEP5

把彩虹放置在云朵的后面，放置时注意参考线的使用。如82 图示。最后完成具体效果如83 图示。

图 82

图 83

第八节　课程训练

一　作业要求

　　根据所学内容设计启动图标，在设计时，同学们可以根据所选的主题多设计几套方案草稿，然后选择其中一个作为正式启动图标。

二　学生作业范例及点评

图 84　为烤鸭店设计的草稿　作者：陈梦洁

图 85　老师点评：为烤鸭店设计的启动图标，设计符合主题，整体效果较好，设计符合产品定位

图 86　为面包店设计的草稿　作者：张文露

图 87　老师点评：为面包店设计的启动图标，设计符合主题，整体效果较好，设计符合产品定位

图 88　使用矛盾空间的设计方法设计的一个启
动图标　作者：陈梦洁

图 89　使用矛盾空间的设计方法设计的一个启
动图标　作者：张文露

第九节 优秀作品欣赏

图 90 双色线性图标

图 91 面性图标

图 92 线性图标

RUNNING ERRANDS
ICONS SET

图 93 双色线性图标

GROWTH

CUSTOMIZATION

OPPORTUNITY

SIGNATURE

ACCURATE

INTEGRATION

WORKFLOW

FORM

ACCESS

图 94 双色线性图标

图 95 启动图标

课后训练

1. 选择题

　　UI 设计首先要在 PS 中对 "单位与标尺" 进行设置。标尺设置是什么单位？（　A B C D　）

A. 厘米

B. 像素

C. 英寸

D. 百分比

2. 用设计短信图标的方法，制作天气图标，如下图所示。

图 60 制作天气图标

CHAPTER 3
手机UI主题设计

学习目标

本章学习的目标是了解手机主题风格的分类，掌握锁屏界面设计制作的方法和应用程序主菜单界面设计制作的方法。

学习重点

本章学习的重点是如何设计和制作应用程序主菜单界面的每一个图标，并且使风格统一。

课时安排

24课时

第一节　手机 UI 主题设计概述

在制作一个 UI 手机主题的时候需要找灵感，而这些灵感来自哪里？我们可以从流行的元素或者影视作品中寻找灵感，比如很多同学喜欢的机器猫、美国队长、龙猫、怪兽大学等等；也可以根据不同人群细分其喜好进行主题思维拓展，比如中国的传统元素、美食等；或者根据自然界更换或某种规律总结主题进行思维拓展，而这些灵感都来自大家对生活的积累（图1）。

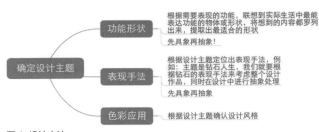

图1　设计方法

第二节　手机主题风格分类

手机主题有很多的风格，我们以主流的风格为例，如：拟物风格、扁平化风格、卡通风格、中国风、混搭风格等。

一　拟物设计

拟物设计是一种产品设计的元素或风格。模拟现实物品的造型和质感，通过叠加高光、纹理、材质、阴影等效果对实物进行再现，也可适当程度地变形和夸张（图2—6）。

图2　拟物设计

图3　写实番茄

图4　拟物设计

图5　拟物设计

图6　拟物设计

二 扁平化风格

扁平化的概念最核心的地方就是去掉冗余的装饰效果，意思是去掉多余的透视、纹理、渐变等能做出 3D 效果的元素。让"信息"本身重新作为核心被凸显出来，并且在设计元素上强调抽象、极简、符号化。

简约和简单可以用来描述扁平化设计的特性，这意味着它能很自然地促进可用性。扁平化尤其体现在手机上，更少的按钮和选项使得界面干净整齐，使用起来格外方便。它可以更加简单直接地将信息和事物的工作方式展示出来，减少认知障碍的产生（图 7—9）。

三 卡通风格

卡通风格就是我们经常看到的动画、动漫中呈现的风格。卡通风格的作品也是我们在手机主题中经常看到的类型，大家可以用不同的工具手法来表现（图 10、11）。

图7 iOS6和iOS7区别

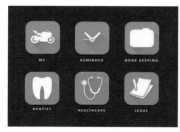

图 8 简约和简单

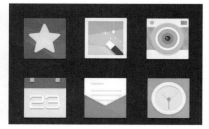

图 9 扁平化设计

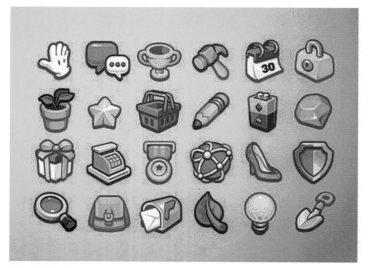

图 10 卡通风格

图 11 联想手机主题大赛《初源》

四 中国元素

把中国的传统元素作为设计的灵感在主题设计中表现并进行提炼和设计的主题作品都可以称为中国元素，体现了中国的形象、符号或风俗习惯等（图12）。

五 混搭风格

图13以扁平化设计为主又夹杂一些写实风格。这种综合性的设计表现方法越来越多。

图 12 小米主题大赛作品　作者 kidaubis

图 13 华为手机主题大赛　作者 aiki007

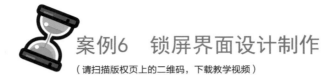

案例6 锁屏界面设计制作

（请扫描版权页上的二维码，下载教学视频）

图 14 锁屏界面设计制作

STEP1

选择菜单栏里的"文件/新建"命令，打开新建对话框，新建一个尺寸为 1080×1920 像素的文件，分辨率为 72dpi，背景内容为白色，如图 15 所示。

图 15 文件/新建

STEP2

同样执行菜单栏中的"文件/打开"命令，选择图片，放置在如图 16、17 所示的位置。

图 16 文件/打开

图 17 素材

STEP3

使用油漆桶填充背景颜色 #232e3d，在图层中改变混合模式为"正片叠底"（图18），完成效果如图19所示。

图 19 完成效果

图 18 选择图层

STEP4

在菜单中选择视图／新建参考线，位置540px，完成后如图 22 所示。

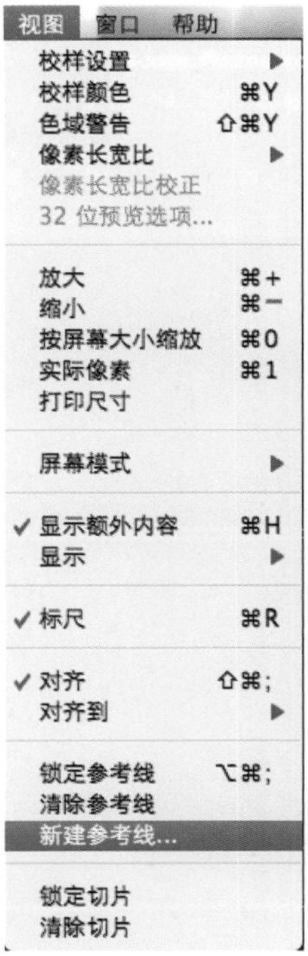

图21 选择水平

图 22 参考线完成

图 20 视图／新建参考线

STEP5

使用文本工具，输入文字居中对齐，完成后如图 23 所示。

图 23 输入文字居中对齐

STEP6

使用上节制作图标的方法，用形状工具绘制图标，最终完成的效果如图 24 所示。

图 24 最终完成的效果

案例7 应用程序主菜单界面设计制作

（请扫描版权页上的二维码，下载教学视频）

图25 应用程序主菜单界面设计制作

STEP1

选择菜单栏里的"文件 / 新建"命令，打开新建对话框，新建一个尺寸为 200×200 像素的文件，分辨率为 72dpi，背景内容为白色，如图 26 所示。

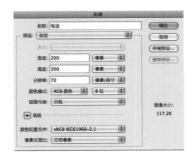

图 26 文件 / 新建

STEP2

新建一个图层，图层的名字改为"底板"。使用椭圆工具，绘制一个大小为 160×160 像素的椭圆，如图 27 所示。

图 27 绘制椭圆

在"底板"图层上双击图标，在弹出的图层样式对话框中选择"渐变叠加"样式，双击渐变，如图 28 所示。调整渐变色标的值，左边色标的值为 #04c6bb，右边色标的值为 #38ffea，如图 29 所示。完成调整，如图 30 所示。

图 28 "渐变叠加"样式

图 29 调整渐变色标

图 30 完成调整

在"底板"图层点击"新建调整图层"图标，在弹出菜单中选择"色相/饱和度"，如图 31 所示。调整色相的值为 −13，如图 32 所示。按住 Ctrl 键点击"底板"图层，出现选区，在选择菜单中选择反向，在图层蒙版中填充黑色。完成效果如图 35 所示。

图 31 选择"色相、饱和度"

图 32 调整色相的值为 −13

图 33 出现选区

图 34 在图层蒙版中填充黑色

图35 完成效果

STEP5

新建一个图层,图层的名字改为"通话"。使用钢笔工具,前景色选为白色,绘制如图36所示的电话形状。

图36 绘制电话

STEP6

在"通话"图层上双击图标,在弹出的图层样式对话框中选择"描边"样式,如图37所示。框中选择"渐变叠加"样式,双击渐变,调整渐变色标的值,左边色标的值为#a2bed3,右边色标的值为#d0e4f4,完成调整如图38所示。在弹出的图层样式对话框中选择"投影"样式,如图39所示。完成效果如图40所示。

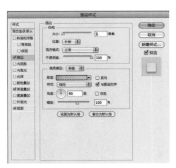

图37 "描边"样式

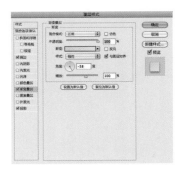

图38 "渐变叠加"样式

图39 "投影"样式

图40 完成效果

STEP7

接下来，新建图层为通话
图标，添加亮部和暗部，蒙版
如图 41 所示。

最终完成效果如图 42 所示。

图 42 最终完成效果

图 41 添加亮部和暗部

STEP8

其他图标请大家按照通话
图标方法进行临摹，源文件请
参看文件夹，如图 43 所示。

图 43 其他图标请大家按照通话图标方
法进行临摹

第三节 课程训练

一 作业要求

根据所学的内容设计一套手机主题图标，包括：锁屏界面设计制作和应用程序主菜单界面设计制作。

二 学生作业范例及点评

图 46 作者：战丽、殷夷珺、李诗婕
老师点评：设计新颖，风格较好，但是图标角度不统一，整体效果较凌乱。

图 47 作者：邹其玮、崔静、李阳
老师点评：锁屏生动有趣，采用拔牙方式解锁，作品构思新颖，设计符合主题，整体效果好

第四节　优秀作品欣赏

图 48　木纹质感

图 49　剪影化图标

图 50　简约风格

课后训练

1. 选择题

手机主题有很多的风格,主要有哪几种风格?

（A B C D ）

A. 拟物风格

B. 卡通风格

C. 扁平化风格

D. 中国风

2. 根据所学的内容设计一套手机主题图标,
   包括:锁屏界面设计制作和应用程序主菜
   单界面设计制作。

CHAPTER 4
产品原型设计

学习目标

本章学习的目标是清楚产品的定位，了解iOS和Android的界面元素的尺寸，能够进行手机产品思维策划，掌握手机产品线框图设计的方法和UI界面视觉设计制作方法。

学习重点

本章学习的重点是能够进行手机产品思维策划，掌握UI界面视觉设计制作方法。

课时安排

4课时

我们在做 APP 产品时，首先要对产品进行定位：我们要做什么产品？谁来使用我们的产品？

我们要去考虑：

1. 用户是谁（包括：年龄、性别、工作性质等）？

2. 这些用户的行为习惯是什么？

3. 我们的产品能为用户解决什么难题？

4. 我们的产品主要功能是什么？次要功能是什么？

所以我们首先要清楚产品的分类，根据不同的用户需要来设计产品，这样上述的问题就可以很清楚地得到答案。

第一节　互联网产品分类

互联网产品分类主要包括：电子商务（B2B、B2C、C2C）类产品，SNS 类产品，视频类产品，交友类产品，门户网站类产品，工具（翻译、计算器）类产品，支付类产品，O2O 类产品等。接下我们对具有代表性的产品进行分类介绍。

一　电子商务类（B2B、B2C、C2C）产品

B2B 指的是 Business to Business，即商家（泛指企业）对商家的电子商务。有时写作 B to B，但为了简便干脆用其谐音 B2B。电子商务的发展过程中还有 C2C（Custom to Custom）、B2C、C2B 等模式。

B2B 是指进行电子商务交易的供需双方都是商家（或企业、公司），他们使用了 Internet 的技术或各种商务网络平台，完成商务交易的过程。这些过程包括：发布供求信息，订货及确认订货，支付过程及票据的签发、传送和接收，确定配送方案并监控配送过程等。

B2C 是电子商务按交易对象分类中的一种，即表示商业机构对消费者的电子商务。这种形式的电子商务一般以网络零售业为主，主要借助 Internet 开展在线销售活动。例如经营各种书籍、鲜花、计算机、通信用品等商品。京东就是属于这类站点。

二　SNS 类产品

SNS，专指帮助人们建立社会性网络的互联网应用服务。也指社会现有已成熟普及的信息载体，如短信 SNS 服务。SNS 的另一种常用解释：全称 Social Network Site，即"社交网站"或"社交网"。SNS 也指 Social Network Software,社会性网络软件，比如 Twitter、微信、新浪微博等都属于这类产品。

三　O2O 类产品

O2O 即 Online to Offline（在线离线、线上到线下），是指将线下的商务机会与互联网结合，让互联网成为线下交易的前台，这个概念最早来源于美国。O2O 的概念非常广泛，既可涉及线上，又可涉及线下，它

们可以通称为 O2O。主流商业管理课程均对 O2O 这种新型的商业模式有所介绍及关注。2013 年 O2O 进入高速发展阶段，开始了本地化及移动设备的整合，于是 O2O 商业模式横空出世，成为 O2O 模式的本地化分支。

第二节　手机 APP 产品设计概述

一　手机 APP 界面 UI 设计规范

1. iOS 和 Android 设计尺寸

我们在设计 APP 界面的时候首先要了解 ios 和 Android 设计尺寸。ios 的尺寸建议以 iPhone6 的尺寸 750×1334 为基础适配。Android 的尺寸设计建议 480×800 或者 720*×1280px，根据项目的要求，根据规范建立文档设计尺寸。大家可以在设计时参考下面的设备尺寸（图 1、2）。

iPhone界面尺寸

设备	倍数	分辨率	状态栏高度	导航栏高度	标签栏高度	Home 栏
4/4s	@2x	640*960px	40px	88px	98px	
5/5c/5s	@2x	640*1136px	40px	88px	98px	
6/6s/7/8	@2x	750*1334 px	40px	88px	98px	
6/6s/7/8plus 物理		1080*1920 px	54px	132px	146px	
6/6s/7/8plus 设计	@3x	1242*2208 px	60px	132px	146px	
x/xs/11 pro	@3x /@2x	1125*2436 px	88px	88px	98px	68px
XR/11	@2x	828*1792 px	88px	88px	98px	68px
XS Max/11 Pro Max	@3x /@2x	1242*2688 px	88px	88px	98px	68px

图 1　iPhone 界面尺寸

主流Android手机分辨率和尺寸

设备	分辨率	尺寸	设备	分辨率	尺寸
魅族MX2	4.4英寸	800×1280 px	魅族MX3	5.1英寸	1080×1920 px
魅族MX4	5.36英寸	1125×1920 px	魅族MX4 Pro未上市	5.5英寸	1536×2560 px
三星GALAXY Note 4	5.7英寸	1440×2560 px	三星GALAXY Note 3	5.7英寸	1080×1920 px
三星GALAXY S5	5.1英寸	1080×1920 px	三星GALAXY Note 2	5.5英寸	720×1280 px
索尼Xperia Z3	5.2英寸	1080×1920 px	索尼XL39h	6.44英寸	1080×1920 px
HTC Desire 820	5.5英寸	7200×1280 px	HTC One M8	4.7英寸	1080×1920 px
OPPO Find 7	5.5英寸	1440×2560 px	OPPO N1	5.9英寸	1080×1920 px
OPPO R3	5英寸	720×1280 px	OPPO N1 Mini	5英寸	720×1280 px
小米M4	5英寸	1080×1920 px	小米红米Note	5.5英寸	720×1280 px
小米M3	5英寸	1080×1920 px	小米红米1S	4.7英寸	720×1280 px
小米M3S	5英寸	1080×1920 px	小米M2S	4.3英寸	720×1280 px
华为荣耀6	5英寸	1080×1920 px	锤子T1	4.95英寸	1080×1920 px
LG G3	5.5英寸	1440×2560 px	OnePlus One	5.5英寸	1080×1920 px

图 2 Android 手机尺寸

2. iOS 和 Android 的界面元素（图 3—5）

iOS 和 Android 的界面元素基本是状态栏、导航栏、标签栏和内容区域。

	iPhone4-8	iPhone8plus	iPhonex/xs/11pro
状态栏	40px	60px	88px
导航栏	88px	88px	88px
标签栏	98px	146px	98px

*建议按照自己手机的尺寸来设计，方便预览效果，一般采用640×96 0 或者640×1136的尺寸的设计

图 3 iOS 的 APP 界面元素尺寸

Android中我们采用的720×1280的尺寸设计

	720 × 1280
状态栏	40px
导航栏	88px
标签栏	98px

*因为在安卓中这些控件的高度由应用程序自定义，所以并没有严格的尺寸数值

图 4 Android 的 APP 界面元素尺寸

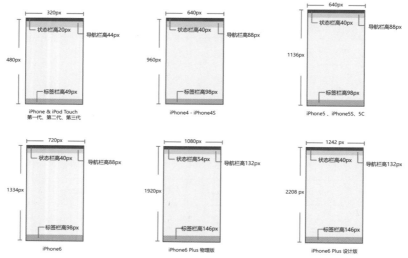

图 5 iOS 的 APP 界面

图 6 主界面

图 7 内页

3. iOS 和 Android 的字体（图 6、7）

字体：使用冬青、华文细黑、苹果字体，某些公司会使用微软雅黑。

字体大小：32—36px 用于模块、栏目、标签名称。24—28px 用于正文。

18px 用于图标上的提醒数字。

二 APP 配色

1. 配色技巧

在制作 APP 时，配色是非常重要的一步。首先应该明确配色的方案是否符合项目需要和用户预期的色彩印象。比如蓝色，会让人们想到大海、天空，红色会想到火焰，这些就是色彩给用户留下的最初印象。色彩还具有一定的象征性，比如蓝色象征冷静，红色象征热情和奔放。这些色彩印象可以迅速地帮用户建立认知。比如旅游APP的配色通常会用蓝色、绿色等象征天空、海洋、绿地的颜色，而购物类的APP则喜欢暖色，比如红色、橘色等。所以我们在设计的时候要根据用户的认知去设计（图8、9）。

2. 情绪版

在制作配色方案的时候，很多商业项目会制作情绪版。那么什么是情绪版？情绪版通常要求参与者从日常的图片中挑选出符合"某种心情意境或关键词"的图片，把这些图片放在一起。传统意义上，情绪版的定义是指对将要设计的产品以及相关主题方向的色彩、图片、影像或其他材料进行收集，从而引起某些情绪反应，以此作为设计方向或者是形式的参考。它帮助设计师明确视觉设计需求，用于提取配色方案、视觉风格、质感材质，以指导视觉设计，为设计师提供灵感。比如制作某一个应用的时候关键词是专业和便捷，那么我们就可以根据这个关键词找出相应的图片（图10）。

图 8 色彩给用户的印象

图 9 红色象征热情和奔放

图 10 根据关键词找出相应的图片

传统情绪版制作的操作方法（图 11）：

首先，综合用户研究结果、品牌 / 营销策略、内部讨论等方面明确体验关键词（Experience Keywords）。通常，这也会是一个商业决定。

其次，可邀请用户、设计人员或决策层参与一段时间的素材收集工作。通常是从日常接触的报纸中选取图片并粘贴到一起。

接着，针对每个人的情绪版收集情况，配合以定性的访谈，了解选择这些图片的原因，挖掘更多背后的故事和细节。

最后，将素材图按照关键词聚类，提取色彩、配色方案、肌理材质等特征，作为最后的视觉风格的产出物（图 12）。

我们将情绪版在 Photoshop 中进行高斯模糊，再使用颜色滴管提取大色块。当然，现在已经有很多用户配色方案提取的网站和软件，这样能更事半功倍，比如配色神器等，可以到网站下载使用。网址：http://www.fancynode.com/colorcube/。

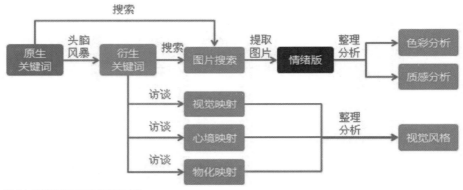

图 11 传统情绪版制作的操作方法

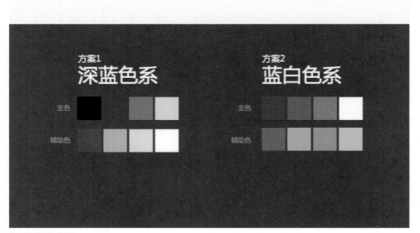

图 12 配色方案

三 APP 构图

移动互联网设计在不断发展，移动设备屏幕该如何设计？在设计中，我们会发现有很多传统的设计规律可以遵循，即在有限的页面内呈现或引导有效信息。为什么有的主题或 APP 界面给人的感觉就那么舒服、那么清新、那么有情怀？里面蕴含着哪些最基础的版式设计理念？让我们总结一下，给初入 UI 设计的同学做个参考。

下面介绍在界面中常用的三种构图方法：九宫格构图、圆心点放射形构图、三角形构图。

1. 九宫格构图

这种版式主要运用在以分类为主的一级页面，起到功能分类的作用。通常在界面设计中，我们会利用网格进行界面布局，根据水平方向和垂直方向划分所构成的辅助线，设计会进行得非常顺利。在界面设计中，九宫格这种类型的构图更为规范和常用，用户在使用过程中非常方便，应用功能显得格外明确和突出（图 13、14）。

九宫格给用户一目了然的感觉，操作便捷是这种构图方式最重要的优势（图 15）。

九宫格看似简单随意，用好了同样能呈现出奇妙的效果。灵活运用九宫格辅助线区分出来的方块，在有规律的设计方法中找突破，做设计一定要注重这一点！在九个方块分配的时候，不一定要一个格子对应一个内容，完全可以一对二、一对多，打破平均分割的框框，增加留白，调整页面节奏或突出功能点和广告。各个方块不同的组成方式，页面的效果也会产生无数的变化。

我们可以看到，这样的版式同样可以使界面变得非常灵活、内容简单、信息明了（图 16）。

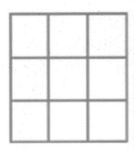

图 13 九宫格构图

图 14 九宫格构图应用功能会显得格外明确和突出

图 15 九宫格给用户一目了然的感觉

图 16 九宫格构图

2. 圆心点放射形构图

生活中,最为常见的就是圆形了,眼睛是圆的,太阳是圆的,碗口是圆的,天也是圆的。在界面设计中,圆的运用可谓是点睛之笔。

圆是有圆心的,在界面中,往往通过构造一个大圆来起到聚焦、凸显的作用(图17)。

放射形的构图,有凸显位于中间的内容或功能点的作用。在强调核心功能点的时候,可以试着将功能以圆形的范式排布在中间,以当前主要功能点为中心,将其他的按钮或内容放射编排起来。

我们将主要的功能设置在版式的中心位置,它就能引导用户的视线聚集在想要突出的功能点上,就算视线本来不在中间的位置,它也能引导用户再次回到中心的聚集处(图18)。

在界面设计中,圆形的运用能使界面显得格外生动,多数可操作的按钮上或交互动画中都能见到圆形的身影。因为圆形具有灵动、活跃、有趣、可爱、多变的特质。在界面设计中善于将圆形的设计与动画结合,能让整个软件鲜活起来。如再加上旋转围绕的动画,会让整个软件更有趣。界面中的圆形能集中用户的视线,引导点击操作,突出主要的功能点或数据,把产品核心展现出来(图19)。

3. 三角形构图

这类构图方式主要运用在文字与图标的版式中,能让界面保持平衡稳定。从上至下式的三角形构图,能把信息层级罗列得更为规整和明确。

在界面中,三角形构图大部分都是图在上,字在下,阅读更为舒服,有重点、有描述(图20-21)。

当然还有许多构图方式有待大家慢慢地观察和积累。

图17 放射形的构图

图18 主要的功能设置在版式的中心位置

图19 突出主要的功能点

图 20 三角形构图

图 21 图在上，字在下

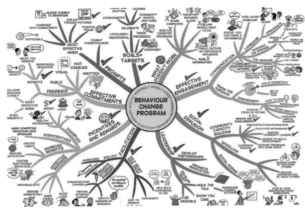

图 22 创建思维导图

第三节　手机产品思维策划

　　思维导图是有效的思维模式，是应用于记忆、学习、思考等的思维"地图"，利于人脑扩散思维的展开。思维导图是做产品设计、交互设计常用的工具，可以帮助设计师快速梳理思路，理清头绪。有别于头脑风暴，思维导图侧重于思维的整理。

　　创建思维导图，首先要有一个明确的中心思想，以此为主干，蔓延出一系列的理念和相关的分支。子话题以分支的形式展现。在思维导图中可以用链接、图像、颜色更好地诠释内容。

　　常用的思维导图软件有 Mindjet Mind Manager 和 Free mind。

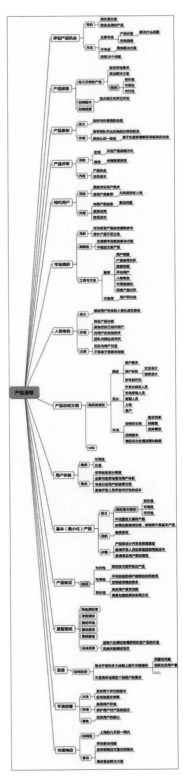

图23 思维导图

第四节　手机产品线框图设计

一　线框图是产品设计和开发的重要工具

如果构建一个热门或可靠的移动应用，线框图是无价之宝。它是每个人都关注的一个页面，而不只是产品经理、设计师和工程师。而且它们可以快速修改，以适应产品设计和开发的协作及迭代特性，特别是在初创公司和大型企业中。

平面设计师往往通过线框图来推动用户界面（UI）的开发。它可以激发设计师实现更流畅的创作过程，并最终用于创建图形模型、交互原型以及最终设计稿。通常情况下，设计师通过组合使用低或高保真度的草图、故事版和线框图来实现这一点。

UX设计师或信息架构师会做出低保真度的线框图，他们更关注产品的结构、功能和行为。对于前端开发，高保真线框图更有帮助，他们对内容和信息层次的关注等同于结构、功能和行为（图24）。

二　制作线框图的工具和媒介

1. 纸质原型（图25）

首先可采用最传统的标准的纸质线框图（这也是UXPin线框图＆原型设计工具的先驱），只需简单地裁剪纸上的草图或者其他媒介上的草图。建议先画后切变，以求尺寸正确。考究地讲，尽管这并不是"线框图"，但本质类似，Common Craft的Drop box explainer video就很有趣，讲述了这种线框图的设计方法。

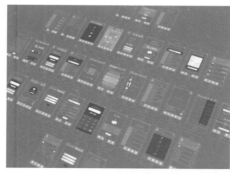

图 24　低保真度的线框图

图 25　纸质原型

2. 打印或者 Stenciling 工具板（图 26）

　　很多模板可以自行打印，比如：Stenciling 工具板，辅助线框图绘制的笔记本，能提供标准 UI 元素的一些工具。

3. 线框图设计软件（图 27）

　　市面上有很多可用的线框图设计软件，但是真正值得尝试的并不多。我们排除了一些功能有限或者停止更新的软件，推荐各位使用 Figma 和 Sketch 设计线框图。

4. 图形设计软件（图 28）

　　数字图形设计软件的种类很多，但是大多数产品人员和设计师还是习惯使用 Adobe Illustrator、Photoshop 或者 Sketch，当习惯养成以后，用这些软件去设计线框图也非常方便。对于很多产品团队来说，设计线框图最好的软件无疑还是专攻线框图的软件，使用后者不但可以使人专注于线框图设计，而且便于写作，方便整合其他工具所提供的内容。

　　有了线框图，视觉设计师就可以根据线框图来进行视觉设计了，接下来我们就开始下面的学习。

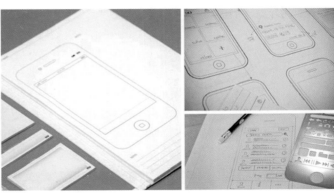

图 27　线框图设计软件

图 26　Stenciling 工具板

图 28　图形设计软件

三　APP 启动页设计方案及分析

1. 扁平化设计法

　　采用扁平化的设计方法：用简单的纯色或者几何立体背景＋广告语＋图标（图29、30）。

2. 组合法

　　根据行业背景来设计，选取行业元素做一个图形化组合或者图形化标志等，衬托突出 APP 的图标或 LOGO，也有一些是采取字母组合成的文字图案效果（图31—33）。

图 29　采用扁平化的设计方法

图 30　简单的纯色

图 31　图形化组合

图 32　突出 APP 的图标或 LOGO

图 33　根据行业背景来设计

3. 情景法

指采用一种非常有意境或有韵味的背景来做设计，加上 APP 的广告语或者 LOGO 即可，它注重情感的表达和意境的抒发。着重点在于设计出来的 APP 启动页必须让用户产生共鸣或者亲近感等情感因子。常用的方法是采用背景，再加上模糊、空间、渲染、透明等技巧（图 34、35）。

4. 图标法

重点体现突出 APP 的图标。背景可以是纯色，可以是 APP 里面的内容，也可以是小图拼凑的透明图形等（图 36—38）。

图 34 用有意境或有韵味的背景来做设计

图 35 采用背景，再加上模糊、空间、渲染、透明等技巧

图 36 突出 APP 的图标

图 37 图标突出

图 38 图标为主体

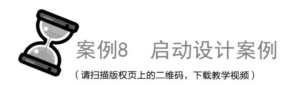

案例8 启动设计案例

（请扫描版权页上的二维码，下载教学视频）

请参考 UE 原型图制作 APP 界面。

图 39 UE 原型图

图 40 效果图

图 41　启动页设计

STEP1

选择菜单栏里的"文件 / 新建"命令，打开新建对话框，新建一个尺寸为 640×1136 像素的文件，分辨率为 72dpi，背景内容为白色，如图 42 所示。

图 42　文件 / 新建

STEP2

新建一个图层，使用矩形工具，前景色选为白色，大小是和画布一样大的 640×1136 像素的矩形。在"底板"图层上双击，在弹出的图层样式对话框中选择"颜色叠加"样式，调整颜色值为 # ffdfcb，如图 43 所示。

图 43　"颜色叠加"样式

图 44 背景

STEP3

打开图案的图片，调整为背景，如图 46 所示。使用添加图层蒙版工具，用渐变工具径向渐变绘制图层蒙版，完成如图 48 所示。

图 45 打开图案的图片

图 46 调整为背景

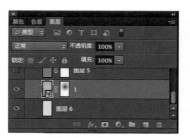

图 47 添加图层蒙版

图 48 径向渐变绘制图层蒙版

加渐变色，如图 49 所示。图层的混合更改为强光，不透明度为 63%，如图 50 所示。完成效果如图 51 所示。

图 49 添加渐变色

图 50 不透明度为 63%

图 51 完成效果

新建一个图层，图层的名字改为"LOGO"。使用圆角矩形工具 ，前景色选为白色，绘制一个圆角矩形，如图 53 所示。在此图层上双击，在弹出的图层样式对话框中选择"渐变叠加"样式，如图 54 所示。选择"投影"样式，如图 55 所示。完成效果如图 56 所示。

图 52 使用圆角矩形工具

图 53 绘制一个圆角矩形

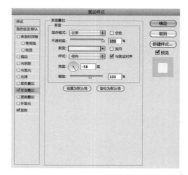

图 54 选择"渐变叠加"样式

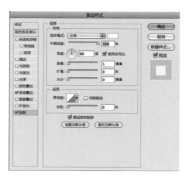

图 55 选择"投影"样式

图 56 完成效果

STEP6

使用椭圆工具，前景色选为白色，绘制一个圆形。在此图层上双击，在弹出的图层样式对话框中选择"渐变叠加"样式，如图 57 所示。选择"投影"样式，如图 58 所示。完成效果如图 59 所示。

图 57 选择"渐变叠加"样式

图 58 选择"投影"样式

图 59 完成效果

使用文字工具输入文字
M，双击文字排版图层，在
属性栏中设置文字的大小，
图层样式为渐变叠加，完成
调整，如图 61 所示。

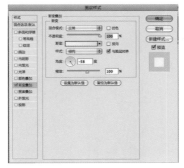

图 60 渐变叠加

图 61 完成调整

使用文字工具输入文字
"慢生活"，双击文字排版
图层，在属性栏中设置文字
的大小，完成调整，如图 62
所示。使用文字工具输入文
字"品生活，从慢生活开始"，
完成调整，如图 63 所示。

图 62 使用文字工具输入文字"慢生活"

图 63 使用文字工具输入文字"品生活，
从慢生活开始"

使用文字工具输入文字版
权信息，调整最终启动页面完
成的效果，如图 64 所示。

图 64 调整最终启动页面完成的效果

案例9　首页设计案例

（请扫描版权页上的二维码，下载教学视频）

图 65　首页设计案例

选择菜单栏里的"文件 / 新建"命令，打开新建对话框，新建一个尺寸为640×1136 像素的文件，分辨率为 72dpi，背景内容为白色，如图 66 所示。

图 66　文件 / 新建

新建三个图层，图层的名字分别为"状态栏""标签栏""导航栏"。使用矩形工具，前景色选为白色，分别绘制三个矩形，如图 67、68、69 所示。位置如图 70 所示。

图 67　使用矩形工具绘制矩形

图 68　绘制矩形

图 69 绘制矩形

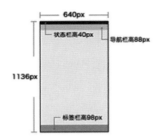

iPhone5、5C、5S

图 70 位置如图

STEP3

　　背景色为灰色，更改"状态栏""导航栏"的颜色。如图 71 所示。

图 71 效果

STEP4

　　在素材中，导入焦点图片，如图 72 所示。

图 72 导入焦点图片

STEP5

用所学的方法使用形状，在标签栏中添加图标，如图 73 所示。

图 73 在标签栏中添加图标

STEP6

使用文字工具输入文字"按类别查找"，在属性栏中设置文字的大小，完成调整，如图 74 所示。用学过的方法制作图标，如图 75 所示。

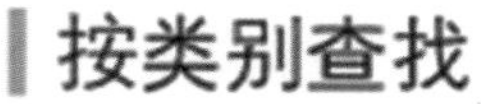

按类别查找

图 75 制作图标

图 74 使用文字工具输入文字"按类别查找"

STEP7

调整图标的位置，最终完成效果，如图 76 所示

图 76 最终完成效果

第五节　课程训练

自己虚拟策划一款产品，做出整套的思维原型图。

一　作业要求

1. 自己虚拟策划一款产品，做出用户分析文档及产品功能文档（文字说明、PPT 或 Word 文档）

2. 根据用户分析文档及产品功能文档，完成详细的思维导图

3. 根据详细的思维导图，完成整套的产品原型图

二　学生作业范例及点评

图 104　作者：许淇媛
老师点评：作品构思新颖，设计符合主题，整体效果好，但是缺少手机产品思维策划方案，产品功能介绍

图 105　引导页

图 106　登录页面

新鲜水果开启每一天！

图 107 作者：周雪青
老师点评：作品构思新颖，设计符合主题，整体效果好，同样缺少手机产品完整展示，除了视觉设计，手机产品思维策划更加重要

图 108 登录页面

山高水远
水果尽在你的眼前

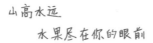

图 109 引导页

图 110 作者：吴怡、秦之颖
老师点评：作品构思新颖，设计符合主题，整体效果好，对产品主要功能进行了介绍

第六节　优秀作品欣赏

一　故宫博物院 APP 欣赏

图 77 故宫博物院 APP 启动页

图 78 故宫博物院 APP

图 79 故宫博物院 APP

图 80 故宫博物院 APP 导航

图 81　面馆 APP 启动页

图 82　面馆 APP 引导页

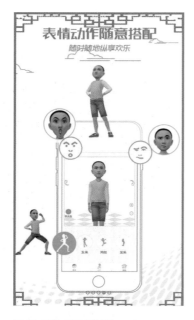

图 83　面馆 APP 引导页

图 84　面馆 APP 引导页

三　蓝芝士 APP 欣赏

图 85　蓝芝士 APP 登录页

图 86　蓝芝士 APP 欣赏

四　鸟萌 APP 欣赏

图 87　鸟萌 APP 欣赏

图 88　鸟萌 APP 欣赏

图 89　鸟萌 APP 欣赏

五 海报工厂 APP 欣赏

图 90 海报工厂 APP 欣赏

图 91 海报工厂 APP 欣赏

六 GeGe APP 欣赏

图 92 GeGe 的 APP 欣赏

图 93 GeGe 的 APP 欣赏

图 94 GeGe 的 APP 欣赏

七 Wokamon 走星人 APP 欣赏

图 95 Wokamon 走星人的 APP 登录欣赏

图 96 Wokamon 走星人的 APP 欣赏

图 97 Wokamon 走星人的 APP 欣赏

图 98 Wokamon 走星人的 APP 欣赏

八 Lu's Camera APP 欣赏

图 99 Lu's Camera APP 欣赏

图 100 Lu's Camera APP 欣赏

九 樱桃音乐 APP 欣赏

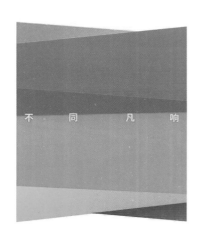

图 101 樱桃音乐 APP 启动页欣赏

图 102 樱桃音乐 APP 欣赏

图103 樱桃音乐APP欣赏

课后训练

1. 选择题

互联网产品分类主要包含什么？（A B C D）

A. 电子商务（B2B、B2C、C2C）类产品

B. SNS 类产品

C. O2O 类产品

D. 交友类产品

2. 自己虚拟策划一款产品，做出用户分析文档及产品功能文档（文字说明、PPT 或 Word 文档）

3. 根据用户分析文档及产品功能文档完成详细的思维导图

CHAPTER 5
游戏UI设计

学习目标

本章学习的目标是清楚游戏UI设计包含的内容，了解游戏UI设计的主要流程和一些原则，掌握游戏UI设计和制作的方法。

学习重点

本章学习的重点是能够进行游戏UI的视觉设计，掌握游戏UI设计的流程和原则。

课时安排

18课时

随着游戏产业的日益发展，客户端游戏、网页游戏以及手机游戏已经无处不在，大量的游戏生产设计需要大量的游戏 UI 设计师。

游戏 UI 的设计也越来越重要。一款游戏界面的设计是否成功，美观是其中的一部分，最重要的是玩家的体验，即在操作过程中的使用感受和视觉感受。优秀的游戏界面会增加玩家在游戏里的沉浸感受。差的界面设计甚至可能彻底破坏玩家的游戏体验。所以，游戏 UI 设计师的职责就尤为重要（图 1—3）。

第一节　游戏 UI

游戏 UI 设计包含的内容，简单来说就是：游戏操作界面、登录界面、游戏道具、技能标志、游戏中的小物件设计（图 4—7）。

图 1　Miguel Angel Durán 界面

图 4　手机游戏界面设计 GUI《GO GO 原生》游戏 UI 设计欣赏

图 7　卡通手机游戏

图 2　国外手机游戏 UI《SAS 4》GAMEUI 界面

图 5　国外 3D 吸血鬼游戏界面欣赏

图 3　国外手机游戏 UI《SAS 4》GAMEUI 界面

图 6　国外卡通手机游戏

第二节　游戏 UI 设计的流程

游戏 UI 设计的主要流程包括以下几个内容。

首先与游戏策划沟通，了解产品的核心内容以及定位，了解主要功能以及玩法，尝试确立美术风格（图8）。

其次，由主界面开始按层级划分进行深入设计。

界面合理的布局，并且明确每一个元素的摆放位置，完成草稿的制作。

制作主界面 UI 部分主要功能按钮，并且确立 UI 的整体风格。

最后，按照主次完成每一个模块的设计（图9）。

图8 美术风格确立

图9 塔斯卡传奇

案例10 游戏界面设计

（请扫描版权页上的二维码，下载教学视频）

图 10 赛车游戏界面

选择菜单栏里的"文件 / 新建"命令，打开新建对话框，新建一个尺寸为 768×1024 像素的文件，分辨率为 72dpi，背景内容为白色，如图 11 所示。

图 11 文件 / 新建

前景色选为深蓝色，如图 12 所示。背景改为加上具体颜色 # 010923，如图 13 所示。

图 12 前景色

图 13 背景如图

在素材中导入赛车图片，如图 14 所示。为了让背景颜色和图片过渡自然，在图层面板添加快速蒙板，即图层面板最下面有一排小按钮，是其中第三个。在快速蒙板添加渐变，如图 15 所示。完成如图 16 所示。

图 14 导入赛车图片

图 15 在快速蒙板中添加渐变

图 16 完成效果

STEP4

制作游戏 LOGO，使用文字工具输入文字"Racing"，双击文字排版图层，在属性栏中设置文字的大小，用文本工具选择字体 Avengeance Heroic，如图 17 所示。

图 17 输入文字

在"文字"图层上双击，在弹出的图层样式对话框中分别选择"颜色叠加"样式，如图 18 所示。选择"描边"样式，如图 19 所示。选择"内阴影"样式，如图 20 所示。选择"光泽"样式，如图 21 所示。选择"颜色叠加"样式，如图 22 所示。选择"渐变叠加"样式，如图 23 所示。选择"图案叠加"样式，如图 24 所示。选择"投影"样式，如图 25 所示。

图 18 "颜色叠加"样式

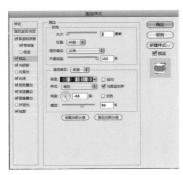

图 19 "描边"样式

图 20 "内阴影"样式

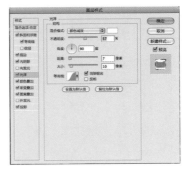

图 21 "光泽"样式

图 22 "颜色叠加"样式

图 23 "渐变叠加"样式

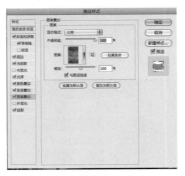

图 24 "图案叠加"样式

图 25 "投影"样式

完成效果，如图 26 所示。导入素材光芒，添加完成如图 27 所示。

使用文字工具输入文字"NATURAL MOTION"，添加完成如图 28 所示。

图 26 完成效果

图 27 导入素材光芒

图 28 LOGO 完成效果

制作按钮，使用文字工具输入文字"PLAY"，双击文字排版图层，在属性栏中设置文字的大小，用文本工具选择字体 Montalban，选择"描边"样式，如图 29 所示。选择"投影"样式，如图 30 所示。完成效果，如图 31 所示。

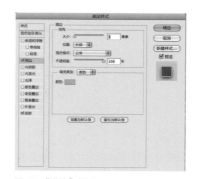

图 29 "描边"样式

图 30 "投影"样式

图 31 完成效果

导入素材按钮背景，添加完成如图 32 所示。导入素材纹理，添加完成如图 33 所示。其他按钮制作方法同上，如图 34 所示。

图 32 加背景

图 33 添加纹理

图 34 按钮完成

导入素材火焰，添加完成，最终效果如图 35 所示。

图 35 完成效果

案例11 游戏操作界面

（请扫描版权页上的二维码，下载教学视频）

图36 游戏操作界面

STEP1

选择菜单栏里的"文件／新建"命令，打开新建对话框，新建一个尺寸为 768×1024 像素的文件，分辨率为 72dpi，背景内容为白色，如图 37 所示。

图37 文件／新建

STEP2

前景色选为深蓝色，如图 38 所示。背景添加具体颜色或将"改为"删除 # 010923，如图 39 所示。

图38 前景色

图39 背景如图

STEP3

在素材中，导入赛车图片如图 40 所示。为了让背景颜色和图片过渡自然，在图层面板添加快速蒙板，即图层面板最下面有一排小按钮，是其中第三个。在快速蒙板添加渐变，如图 41 所示。完成如图 42 所示。

图 40 导入赛车图片

图 41 在快速蒙板中添加渐变

图42 完成效果

STEP4

在素材中，导入赛车图片，如图 43 所示。在图层面板添加快速蒙板，如图 44 所示。

图 43 导入赛车图片

图 44 添加快速蒙板

STEP5

导入 Big 案例 3 中做好的游戏 LOGO，如图 45 所示。

图 45 添加游戏 LOGO

STEP6

绘制一个如图 46 所示的圆角矩形，在此图层上双击，在弹出的图层样式对话框中选择"描边"样式，如图 47 所示。导入赛车图片，如图 48 所示。在图层菜单选择创建剪贴蒙板，如图 49 所示。完成效果，如图 50 所示。其他制作方法同上，最终效果如图 51 所示。

图 46 绘制一个圆角矩形

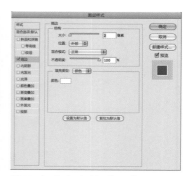

图 47 在对话框中选择"描边"样式

图49 在图层菜单选择创建剪贴蒙板

图 48 导入赛车图片

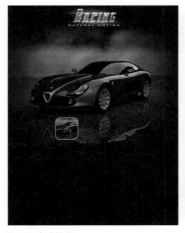

图 50 完成效果

图 51 最终效果

制作选择键，使用文字工具输入文字"<"，如图 52 所示。在此图层上双击，在弹出的图层样式对话框中选择"描边"样式，如图 53 所示。在此图层上双击，在弹出的图层样式对话框中选择"投影"样式，如图 54 所示。

完成效果如图 55 所示。另外一个选择键制作同上，如图 56 所示。

图 52 使用文字工具输入文字"<"

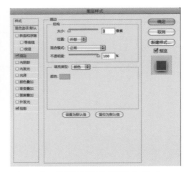

图 53 在对话框中选择"描边"样式

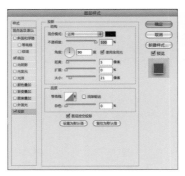

图 54 在对话框中选择"投影"样式

图 55 完成效果

图 56 最终效果

导入上一案例做好的游戏按钮，如图 57 所示。导入素材条纹，如图 58 所示。完成效果，如图 59 所示。

图 57 导入上一案例做好的游戏按钮

图 58 导入素材条纹

图59 完成效果

第三节　课程训练

一　作业要求

根据所学的内容设计一套游戏界面和操作界面。

二　学生作业范例及点评

图 95 作者：吴怡
老师点评：作品塔坊游戏，设计符合主题，整体效果较好，但是 LOGO 的颜色搭配和背景的颜色过于接近，图标的细节需要加强

图 96 作者：吴怡

第四节　优秀作品欣赏

一　部落冲突

图 60　部落冲突界面

图 61　部落冲突操作界面

图 62　商店界面

图 63　部落冲突界面

图 64　部落冲突军队界面

图 65　部落冲突军队界面

二　疯狂外科医生

图 66　疯狂外科医生界面

图 67　疯狂外科医生游戏操作界面

图 68　疯狂外科医生界面

图 69　疯狂外科医生界面

图 70　疯狂外科医生界面

三 迷失之风

图 71 迷失之风界面

图 72 迷失之风界面

四 Alien Hive

图 73 Alien Hive 界面

图 74 Alien Hive 界面

图 75 Alien Hive 界面

图 76 Alien Hive 界面

五 HEROKI

图 77 HEROKI 界面

图 78 HEROKI 界面

六 KAMI

图 79 KAMI 界面

图 80 KAMI 界面

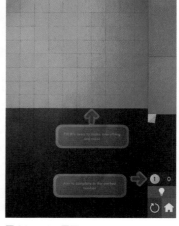

图 81 KAMI 界面

图 82 KAMI 界面

图 83 KAMI 界面

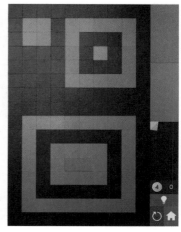

图 84 KAMI 界面

七 KINGDOM RUSH

图 85 KINGDOM RUSH 界面

图 86 KINGDOM RUSH 界面

图 87 KINGDOM RUSH 界面

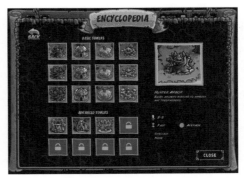

图 88 KINGDOM RUSH 界面

八 TINY FARM

图 89 TINY FARM 界面

图 90 TINY FARM 界面

图 91 TINY FARM 界面

图 92 TINY FARM 界面

图 93 TINY FARM 界面

图 94 TINY FARM 界面

课后训练

1. 选择题

游戏 UI 设计主要包含什么内容？（Ａ Ｂ Ｃ Ｄ）

A. 游戏操作界面

B. 游戏登录界面

C. 游戏道具

D. 技能标志

2. 自己设计一款手游界面，请确立 UI 的整体风格，包括游戏操作界面、登录界面、游戏道具、技能标志、戏中的小物件设计。

CHAPTER 6
音乐播放器设计与制作

第一节　音乐播放器

本章学习的内容是设计一款音乐播放器的界面。首先我们欣赏一下相关的音乐播放器的界面。如下图 1–3 所示。

图 1

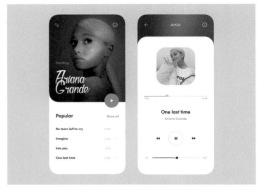

图 2

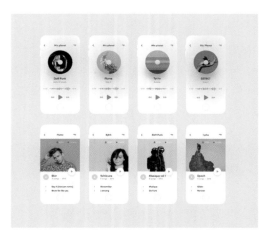

图 3

图 4

案例12　音乐播放器界面

（请扫描版权页上的二维码，下载教学视频）

本章的内容是设计一款音乐播放器界面，如上页图4所示，用户点击音乐界面播放自己喜欢的音乐，音乐界面右上角的收藏图标（心形状）可以收藏自己喜欢的音乐，界面下方的图标播放自己喜欢的音乐。 接下来我们来学习如何设计与制作。

STEP1

选择菜单栏里的"文件 / 新建"命令，打开新建文档对话框，选择移动设备，点击 iPhone8/7/6，新建一个文件尺寸为 750×1334 像素的文件，分辨率为 72dpi，背景内容为白色，如图所示。（如果是设计 Android 的新建尺寸，则为 1080×1920 像素，其他尺寸则参考前面的规范。）

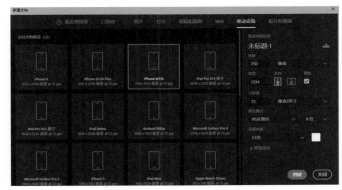

图 5

STEP2

使用矩形选区，选区框出 40 像素的大小，拖曳出参考线。选区框出 88 像素，拖拽出参考线，拖拽出状态栏素材，排列至参考线内合适的位置。具体效果如图示。

图 6

STEP3

使用文字工具，选择
Arail 字体，输入文字，调整
大小，排列至参考线内合适的
位置。绘制收藏图标，调整大
小，排列至合适的位置。具体
效果如图示。

图7

STEP4

使用形状工具绘制椭圆，
添加人物素材图片，使用快
捷键 Ctrl+Alt+G 创建剪切蒙
版，使用快捷键 Ctrl+J 复制
图层，选择转换为智能对象，
调整图层顺序。选择菜单中的
滤镜—模糊—高斯模糊，参数
如图 8 所示。

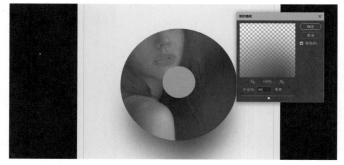

图8

STEP5

使用文字工具，选择合适
的字体和颜色，输入歌词，排
列至画面合适的位置。具体效
果如图 9 所示。

图9

添加音乐波浪线的素材图片，调整位置，如图所10所示。

图 10

拖入按钮素材，调整大小，排列至合适的位置。打开图层样式—颜色叠加，叠加上合适的颜色。具体效果如图 11 所示。

图 11

图 12

第二节　课程训练

一　作业要求

1. 设计制作一套 UI 的大作业

　　首先确定 UI 设计的表现形式。比如 APP、交互触摸屏、H5 等等。而设计构思的通常会包含以下几个方面，首先是确定小组的主题和方向，从大量收集的资料里面筛选，以对目标的人群进行分析。其次是产品痛点的分析，方便在使用的过程中发现问题，利于故事板进行描述。从而完成方案的确定和低保真原型的设计。最后，根据老师的意见对低保真设计进行修改，完成高保真的设计和视频的制作。

2. 设计分组

　　通常根据项目制作的复杂程度，设计小组由两到五位同学组成，根据同学们不同的特长进行分工。比如有的同学擅长绘画，可以设计插画或者图标 LOGO 设计；有的同学熟悉程序，可以负责后期的开发或者视频制作；有的同学负责低保真和高保真的原型设计；擅长三维制作的同学则可以进行模型的设计和制作。这样进行分工之后，小组就可以开始 UI 的设计与制作了。

图 13　草稿设计　作者：陈梦洁

图 14　h5 设计草稿　作者：廖佳乐

图 15　h5 效果图　作者：廖佳乐

3.竞品分析

在进行 UI 大作业设计的时候，竞品的分析是非常重要的。首先细分筛选和我们产品定位相似的竞争对手的产品。通常在竞品分析好之后，会做相关的分析报告。

挑选竞品可以在各个应用市场进行搜索，比如：App Store、Google Play、安卓第三方应用市场，里面有很多的竞品。如要设计一款体育运动类的 APP，我们就可以搜索KEEP、小步点、咕咚等。根据竞品分析的前提，定义搜索的范围，明确要挖掘的信息，如产品的功能产品的定位、市场竞争交互设计或者是视觉设计等等。由以上的分析得出竞品分析的报告。

4.调研对象——用户画像

用户画像是根据用户的目标、行为和观点的差异，分析、搜集和整理，将他们区分为不同的类型，然后从每种类型中抽取出典型特征，形成了一个人物原型（personal）。用户画像核心作用是给目标用户"打标签"。用户画像所形成的用户角色需要代表产品的主要受众和目标群体，可以从五个方面为用户画像贴标签，从而对用户进行分析和描述。进而设计师能了解相对应的服务人群，分别是生理属性、社会属性、行为属性、场景和需求。

（1）生理属性——姓名、年龄、性别。

（2）社会属性——职业、收入、地区。

（3）行为属性——人物描述、兴趣爱好。

（4）场景——使用 APP 的场景。

（5）需求——包含时间、地点、人物、动机、事件、结果，而事件则是冲突的事件越多越合理就越好。

图 16 KEEP

图 17 小步点

图 18 咕咚

图 19 用户画像　作者：陈梦洁

姓名：媕媕
年龄：20
性别：女

职业：绘画师　　　兴趣
收入：2k/月　　　爱好：旅游
地区：成都

使用场景
工作，上班，休闲娱乐，旅游。

小长假，和朋友讨论去哪里旅游，媕媕因为工作纠结了一会后还是答应了……

5. 思维导图

思维导图，英文名叫 The Mind Map，是一种用来开展、记录发散性思维的图形工具。通过思维导图，我们可以很清晰地了解到产品的功能定位、内容定位、内容走向、核心竞争力等重要的信息。我们可以使用软件 XMind 设计制作。

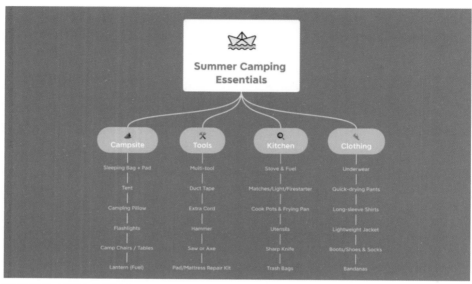

图 20 XMind 提供各种结构图

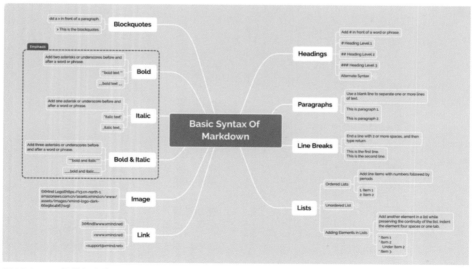

图 21 XMind 提供各种结构图

6. 故事板产品的核心功能

用故事板描写产品的核心功能。故事板是通过图文结合的方式，绘制用户在完成一个完整的任务流程时的场景，即用户在什么环境下，为什么使用我们提供的功能的一个故事。它通过时间线描述整个故事流程，可能更像连环画，从而形成具有统一设计风格的故事板。

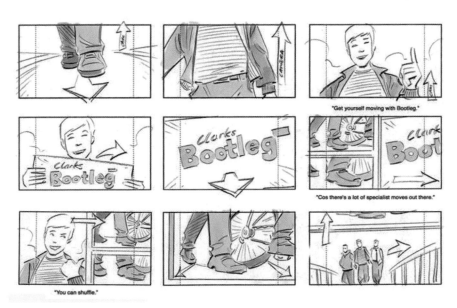

图 22 图片来源 https://i.pinimg.com/originals/68/f9/e3/68f9e3298b49fa16c365e979157c1a47.jpg

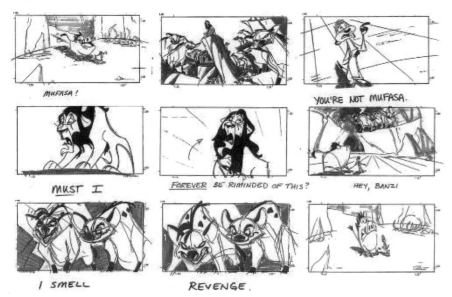

图 23 图片来源 电影《狮子王》前期的故事板

图 24 故事板　作者：陈梦洁
老师点评：作品绘制较好，但是时间线不清晰，需要写清楚时间线

7. 低保真设计（也叫线框图设计）

在前面的章节我们有过简单的介绍，低保真原型（线框图设计）一般指有限的功能和交互原型设计。低保真原型是在纸上画的草图或原型，也可以是在电脑上设计的产品页面。低保真原型的作用是表现产品中最重要的用户流程和功能所涉及的页面关系，一般由项目团队的交互设计师完成，通常先设计出低保真，然后再根据低保真原型设计高保真。设计的时候要注意以下六点。

（1）用深浅不同的灰来表现层次和重点功能。

（2）选择适合的图标，或者用占位符替代，辅以文字注释。

（3）同类的功能、内容放置相同区域。

（4）适当的留白（留空间）。

（5）没有适合的图标可以用占位符表示，但是需文字说明。

（6）图片占位符，若对图片内容或风格有想法，可用文字描述、手绘参考图示等形式在交互文档中表现出来。

8. 高保真设计

高保真原型：几乎完全按照实物来制作的原型就是高保真，原型中甚至包含产品的细节、真实的交互、UI 等等。

图 25 登录页面——低保真原型图

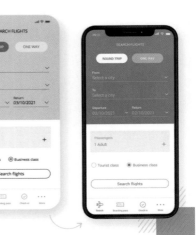

图 26 图片来源 http://www.woshipm.com/pd/4577364.html

图 27 高保真原型图，图片来自 https://dribbble.com/

图 28 高保真原型图，图片来自 https://dribbble.com/

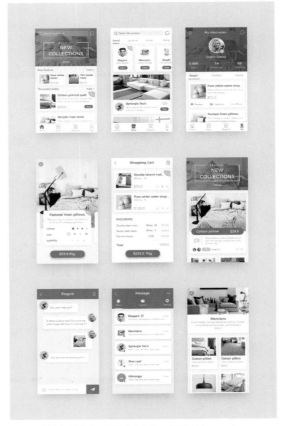

图 29 高保真原型图，图片来自 https://dribbble.com/

9.动效视频制作

　　动效视频通常是产品的动态展示、交互方面的展示。在动效的设计形式上,设计师通常会根据品牌的定位,找到关键词以进行动效的设计。动效视频的展示,可以提高用户在操作时间上的效率,准确地向用户传递产品的概念。我们在设计动效的时候可以使用 After Effect 进行制作。

图 30　作者:顾菲 张佳欣

图 31　作者:顾菲 张佳欣
老师点评:将如何使用这款软件作为动效展示的方式,提高了用户使用上的效率

二 学生作品范例及点评

这是一款关于音乐的 APP 的 UI 设计大作业。下面是蔡璐冰、徐佳雪的设计，主要包含九方面内容，包含作品简介、小组分工、图标设计、竞品分析、思维导图、用户画像、低保真原型、故事板以及高保真原型。

1. 作品简介——作者：蔡璐冰、徐佳雪

作品音昬简介——来自每个人的音乐组成了一道道音轨，它们各不相同，但可以成为属于你自己的音昬。在音昬的世界里，你可以随心所欲地创造出心中的音乐形象和独属于自己的音乐空间，无需在意他人的目光，尽情展现出最真实的自己、最自我的音乐，无论你的音乐喜好有多么小众，在音昬的街区论坛里，你都能找寻到你的知音。

2. 小组分工

蔡璐冰负责 UI 设计、动效制作、视频制作。徐佳雪负责角色绘制和场景的绘制。

3. 图标设计

这是我们设计的音昬的音乐小精灵，它是一个虚拟的音乐角色，畅游在音昬的数据海里。APP 里有很多操作都可以通过它实现。

4. 竞品分析

在竞品分析中，我们细分和筛选了和我们产品定位相似的竞争对手的产品。

（1）分析 Moo 音乐

Moo 音乐是一款腾讯系的音乐 App，主要方向与 QQ 音乐不同，它帮助用户寻找比较新颖的小众音乐。

优点：小众语种全，注重私人订制，界面新颖。

缺点：私人订制做得很好，但是用户之间缺少交流，音乐爱好者交流范围小。而我们想做出能够让用户更好地交流音乐的功能，让不同的音乐文化相互碰撞。

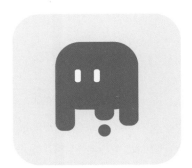

图 32 作者：蔡璐冰 徐佳雪
指导老师：陆维晨 谢刚峰 黄岩

图 33

图 34

图 35

图 36

（2）分析崽崽 ZEPETO 音乐

　　ZEPETO 是 2018 年 3 月 1 日推出的应用。用户可以通过"捏"出个人立体卡通形象、装扮个人空间的方式，创作出属于自己的"虚拟形象"，以此呈现个人的兴趣和品位，实现陌生人交友。

　　优点：庞大的捏脸系统，各种功能和活动都有涵盖，人和人之间社交自由度很高。

　　缺点：虽然也可以在其中进行兴趣交流，但是太多的功能作用适得其反，令人眼花缭乱，无从下手。我们更希望专注一点，达到更高效的社交，同时也能让人专注自我的世界。

图 37

图 38

图 39

图 40

5. 思维导图

因为是两个人的团队，我们在构思设计上想表达我们的创作想法，功能上又不能太多。所以我们设计了三个功能板块，分别是"发现""街区""我的"。

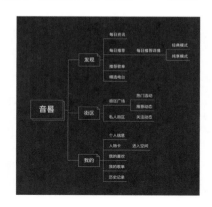

图 41

6. 故事板

图 42

7. 用户画像

图 43

图 44

8. 低保真原型图

图 45　首页

图 46　换装确认

图 47　我的

图 48　换装

图 49　街区

图 50　空间

图 51 人物设定图

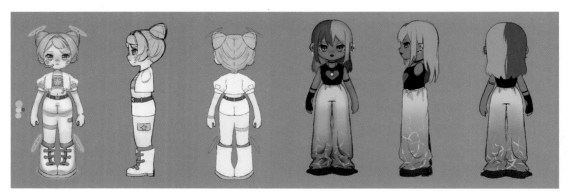

图 52 人物设定图

9. 高保真原型图

音晷

图 53

图 54

图 55

图 56

图 57

图 58

10. 页面简介

图 59

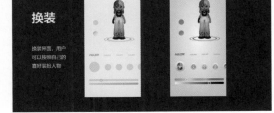

图 60

图 61

图 62

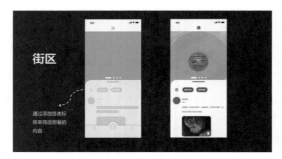

图 63

图 64

图 65 动效视频展示 作者：蔡璐冰 徐佳雪
指导老师：陆维晨 谢刚峰 黄岩
老师点评：作为一款音乐软件，有自己独特的创意和想法。设计过程完整，整体设计风格较好。
其中有一些小细节，设计如果能深入调整就更好了

第七章

CHAPTER 7
UI设计与制作课程思政

UI 设计与制作课程思政，重点在于弘扬民族文化，在课程中，引入中国传统文化、中华传统元素、中国形象等文化元素，弘扬社会主义核心价值观等，从而引导学生树立文化自信，培养学生设计的责任感。

第一节　以时政热点为设计主题

案例13　建党100周年触摸屏——启动页面设计
（请扫描版权页上的二维码，下载教学视频）

图 1　建党 100 周年触摸屏——启动页面设计

选择菜单栏里的"文件 / 新建"命令，打开新建文档对话框，新建一个文件尺寸为 1920×1080 像素的文件，分辨率为 72dpi，背景内容为白色，如图 2 所示。

图 2

调整前景色为红色，背景填充红色。具体效果如图 3 所示。

图 3

添加飘带的素材图片，放置如图 4 所示的位置。

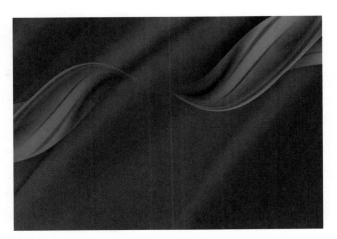

图 4

STEP4

使用文字工具，选择合适的字体和颜色，输入文字，排列至画面合适的位置。具体效果如图5所示。把文字转为智能对象，图层上添加色相和饱和度调整好的效果，如图6、7所示。添加光的素材图片，放置到如图8所示的位置。

图5

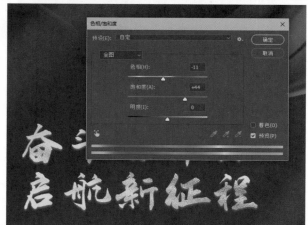

图6

图7

图8

使用文字工具，选择合适
的字体和颜色，输入文字，排
列至画面合适的位置。给文字
添加图层样式，斜面和浮雕参
数的调整如图9、10所示。
继续给文字添加图层样式，投
影参数的调整如图11所示。
最终完成效果如图12所示。

图9

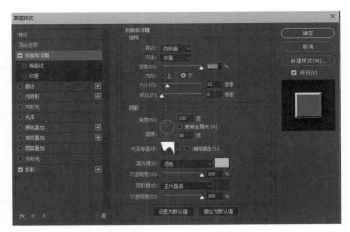

图10

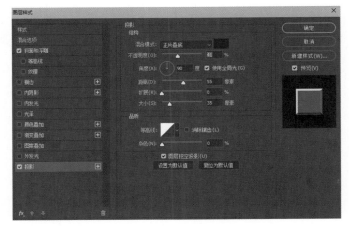

图11

图 12

继续添加素材图片，放置
如图 13 所示的位置。触摸屏
的启动页面制作好了。

图 13

第二节　课程训练

一　作业要求

作业可以选择以下课题中的任意一个：中国元素、中国文化、中国形象、建党百年、科技创新，其中的任意一个为主题即可。

二　作业范例及点评

图14　作者：岑晓彤
指导老师：陆维晨 谢刚峰 黄岩
老师点评：本作业是介绍中国民族服饰乐器的交互触摸屏。作为触摸屏，其中的元素以手绘为主，绘制较好。图标部分视觉体量感不统一，如果能进一步调整效果会更好

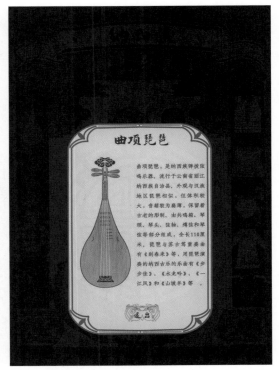

图15　作者：岑晓彤
指导老师：陆维晨 谢刚峰 黄岩

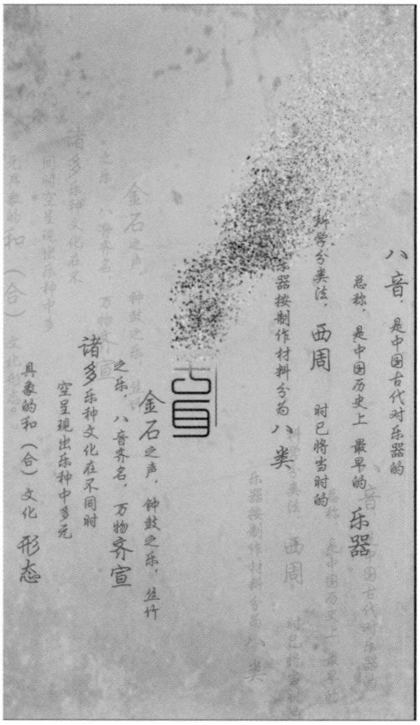

图 16 作者：尹婉玉 李长宇
指导老师：黄岩
老师点评：介绍中国古代乐器的 APP，动态
视频制作较好。

图 17 作者：尹婉玉 李长宇
指导老师：黄岩

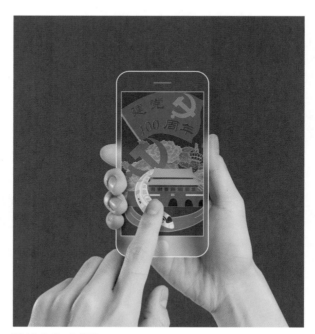

图 18 作者：左梦婷
指导老师：吕威飞
老师点评：介绍中国建党 100 周年的启动页面，风格较好。

图 19 "今朝好伐"选择以上海为创作背景,用像素画的艺术形式绘制那些渐渐被时代和人们遗忘的城市角落,来反映在当代环境下,平凡人对美好生活的向往和追求。绘制的像素画是对像素方块进行堆叠、编排与填色。在进行场景的设计时,作者从熟悉的生活学习场景中汲取创作的素材和灵感 作者:陈嘉毅 时以越
指导老师:陆维晨 谢刚峰 黄岩

图 20 作者:陈嘉毅 时以越
指导老师:陆维晨 谢刚峰 黄岩

图 21 作者：陈嘉毅 时以越
指导老师：陆维晨 谢刚峰 黄岩

图 22 作者：陈嘉毅 时以越
指导老师：陆维晨 谢刚峰 黄岩

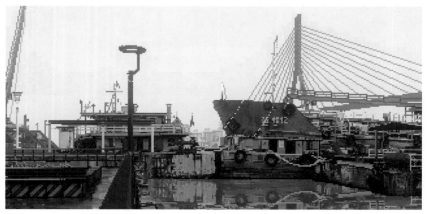

图 23 作者：陈嘉毅 时以越
指导老师：陆维晨 谢刚峰 黄岩

图 24 作者：陈嘉毅 时以越
指导老师：陆维晨 谢刚峰 黄岩

图 25 作者：陈嘉毅 时以越
指导老师：陆维晨 谢刚峰 黄岩

图 26 作者：张润强
指导老师：黄岩

图 27 作者：韩海涛
指导老师：黄岩

图 28 作者：黄沁岚
指导老师：黄岩

图 29 作者：王茹懔
指导老师：黄岩

图 30 作者：赖馨语
指导老师：吕威飞

图 31 作者：王陶佳瑶
指导老师：黄岩

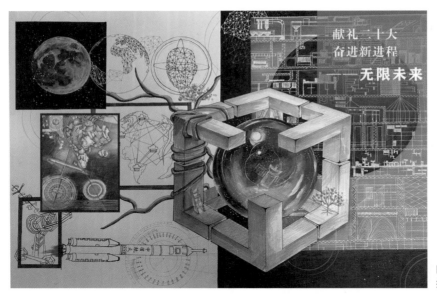

献礼二十大
奋进新进程
无限未来

图 32　作者：王欣越
指导老师：吕威飞

红色中国

图 32　作者：张蕴楠
指导老师：黄岩

图 34 作者：张一杰
指导老师：黄岩

图书在版编目（CIP）数据

UI设计与制作 / 黄岩著. -- 2版. -- 上海 : 上海
人民美术出版社，2023.3
（新视域）
ISBN 978-7-5586-2618-0

Ⅰ. ①U… Ⅱ. ①黄… Ⅲ. ①人机界面—程序设计
Ⅳ. ①TP311.1

中国国家版本馆CIP数据核字(2023)第048334号

扫描二维码下载教学视频

UI设计与制作 （第二版）

作　　者：黄　岩
责任编辑：孙　青
排版制作：朱庆荧
技术编辑：齐秀宁
出版发行：上海人民美術出版社
地　　址：上海市闵行区号景路 159 弄 A 座 7F
邮　　编：201101
网　　址：www.shrmbooks.com
印　　刷：上海丽佳制版印刷有限公司
开　　本：787×1092　1/16　9 印张
版　　次：2016 年 1 月第 1 版
　　　　　2023 年 5 月第 2 版
印　　次：2023 年 5 月第 7 次
书　　号：ISBN 978-7-5586-2618-0
定　　价：68.00 元